つい誰かに教えたくなる

Anthropology:
63 big questions you just
want to ask someone

人類学
63の大疑問

日本人類学会教育普及委員会 監修
中山一大・市石 博 編

講談社

編者一覧

市石　博(いちいし　ひろし)
（東京都立国分寺高等学校 教諭）【Q09, 16, 18, 19, 51】

中山一大(なかやまかずひろ)
（自治医科大学 医学部 講師）【Q47】

執筆者一覧

有賀あすか(あるが)
（多摩大学附属聖ヶ丘中学高等学校 教諭）【Q04, 05, 06, 61】

大野智久(おおの ともひさ)
（東京都立国立高等学校 教諭）【Q01, 10, 38, 40, 41, 52, 58, 59】

岡　幸子(おか さちこ)
（東京都立竹早高等学校 教諭）【Q27, 28, 29, 30, 32, 33, 34, 35, 36, 37】

菊池　篤(きくち あつし)
（東京都立南葛飾高等学校 教諭）【Q13, 39, 43, 48, 49, 62】

佐野寛子(さの ひろこ)
（東京都立国際高等学校 教諭）【Q02, 14, 46, 63】

山藤旅聞(さんとう りょぶん)
（東京都立両国高等学校 教諭）【Q25, 26, 53, 55, 56】

戸谷明子(とたに あきこ)
（東京都立豊島高等学校 教諭）【Q11, 42, 44, 45, 50】

長尾嘉崇(ながお よしたか)
（東京都立国分寺高等学校 教諭）【Q17, 31, 54】

三堀春香(みつほり はるか)
（東京都立大江戸高等学校 教諭）【Q08, 12, 15, 20, 21, 22, 23, 24】

米田　大(よねだ だい)
（多摩大学附属聖ヶ丘中学高等学校・大妻多摩中学高等学校 講師）【Q03, 07, 57, 60】

（五十音順、所属・肩書は刊行当時、【　】内の数字は執筆箇所）

まえがき

　中学校や高校で「生物」を学んだ方は、教科書に登場した生き物を思い出してみてください。ゾウリムシ、ハエ、エンドウマメ、…。いろいろな答えがあると思いますが、「ヒト」を思い浮かべた方は少ないのではないでしょうか。

　実際、日本の生物学の教科書にヒトが登場することはあまりありません。一方で、ほかの多くの国の生物学の教科書には、ヒトに関する記述がたくさんあります。生き物としてのヒトを知ることが、わたしたちの健康を守るため、そしてヒトがほかの生き物と共存・繁栄していくために、重要であると認識されているからです。

　本書は、「人類学」を通して、生き物としてのヒトについて学ぶことの楽しさを多くの方々に伝えることを目標として企画されました。人類学とは、"ヒトとはなにか？"を知るための学問です。人類学は、古生物学、遺伝学、生理学、心理学など幅広い分野をカバーしているので、生き物としてのヒトを理解するためにもってこいの学問です。高校で生物を勉強した人が読み解けるものにするため、監修者が委嘱した18名の研究者に現役の高校教師がインタビューをして、その内容をもとに原稿を書くという方式を採用しました。専門的な用語や理論の紹介は極力避けていますが、最新の研究成果をなるべく盛り込むよう配慮しています。

　本書はQ＆Aの形式をとっていますが、明快な回答が用意されていない項目もあります。"ちゃんとした答えが書いてないじゃないか"と、がっかりされる方もいらっしゃるかもしれませんが、これは、わたしたちからの挑戦でもあります。今の日本の教育に不足している"考える楽しさ"に触れて頂きたいのです。物理学や化学と同様に、生物学にも論理的な思考と柔軟な発想が必要とされます。たとえば、"人類はいつから衣服を着るようになったのですか？（176ページ）"という疑問がありますが、みなさんならこれをどう考えますか？　多くの方が、古代の遺跡を調べればそのヒントがあるだろう、と考えるでしょう。しかし、人類学者はみなさんが思いもよらないような方法で、その答えを見出そうとします。

　読者のみなさんがびっくりされ、"つい誰かに教えたくなる"話題と1つでも出会えたのならば、本書の目的は達成できたといえるでしょう。本書を通して、ヒトという生き物のユニークさ、そしてその正体を探ることの楽しさを少しでも味わっていただければ幸いです。

2015年11月
中山一大

目 次

- 編者・執筆者一覧 ……………………………………………… ii
- まえがき ………………………………………………………… iii

第1章 世界を変えるサル？ ──環境適応と環境改変 …… 1

第2章 太って生き残る？ ──栄養の獲得と代謝 ………… 31

第3章 裏切り者は許さない？ ──感覚、知能、そして行動 …… 59
- 付録A 遺伝暗号表 ……………………………………………… 94

第4章 子育ては大変だ！ ──繁殖戦略と家族の進化 …… 95
- 付録B 人類の系統樹 …………………………………………… 122

第5章 多様性こそ力（パワー）！ ──ゲノムと遺伝 …… 123

第6章 わたしたちはどこからきた何者か？
──人類の進化と系統 …………………………………… 151

- 付録C ヒトの拡散ルート ……………………………………… 181
- 付録D 氷期の日本列島周辺図 ………………………………… 182
- 付録E 推薦図書 ………………………………………………… 183

- 協力者一覧 ……………………………………………………… 184
- 索引 ……………………………………………………………… 185

カバー・本文イラスト：かたおかともこ
装丁：相京厚史・大岡喜直（next door design）

第 1 章

世界を変えるサル?
—— 環境適応と環境改変

- Q01 住んでいる緯度の違いは、ヒトの身体形質にどのような影響をおよぼしますか? ……… 2
- Q02 チベット高原のような高山に住んでいる人たちは、高山病にならないのでしょうか? ……… 4
- Q03 緯度や高度のほかにも、ヒトの身体形質に影響を与えた地理的要因はありますか? ……… 7
- Q04 わたしたちの体は、ウイルスや細菌のような病原体とどのようにして戦っているのでしょうか? ……… 10
- Q05 ヒトの病気の中には、狩猟した動物や家畜を介して伝わった病原体によるものがありますか? ……… 13
- Q06 HIVはもともとチンパンジーがもっていたというのは本当ですか? …… 16
- Q07 これまでにたくさんの生物種が絶滅してきましたが、このような事象にヒトはかかわっているのですか? 証拠はありますか? ……… 19
- Q08 人類の活動がほかの生物にとって有益だったことはありますか? ……… 22
- Q09 日本列島の環境は、ヒトが生活するようになってからどのように変わりましたか? ……… 25

番外編
- Q10 人類学者が犯罪捜査で活躍している海外ドラマを観ました。本当にそんなことがあるのですか? ……… 28

Q01. 住んでいる緯度の違いは、ヒトの身体形質にどのような影響をおよぼしますか？

Chapter 1

　住んでいる緯度の違いは、ヒトの形質に影響を与えます。ここでは、その代表的な例を2つ取り上げます。

肌の色と緯度

　ヒトの肌の色はさまざまですが、赤道付近では濃く、緯度が高くなると薄くなるという傾向がみられます。これはなぜでしょうか。

　まず大きいのは、紫外線が人体に与える影響です。紫外線は太陽光に含まれる不可視の電磁波で、高いエネルギーをもつため、人体にさまざまな悪影響をおよぼす可能性があります。たとえば、過剰な紫外線を浴びると、皮膚がやけどのような症状を示します。また、皮膚の細胞中のDNAが損傷し、発がんなどのリスクが高まります。さらに、血液中の葉酸というビタミンが破壊されるおそれがあります。妊娠中の女性が葉酸不足になると、胎児の発育に悪影響をおよぼす危険があります。

　過剰な紫外線から体を守るために、ヒトの皮膚ではメラニンという色素をつくって紫外線を吸収しています。肌の色を決めているのはこのメラニンの量で、つくられるメラニンの量が多いほど肌の色は濃くなります。また一般に、赤道付近では紫外線が強く、高緯度の地域ほど紫外線は弱くなっていきます。そのため、赤道付近では強い紫外線に対してつくられるメラニンの量が多く、肌の色が濃いのです。

　赤道付近では強すぎる紫外線への対応が必要ですが、高緯度地域では逆に弱すぎる紫外線への対応が必要です。紫外線というと悪いイメージばかりかもしれませんが、じつはヒトの生存において重要な役割も果たしています。ヒトが生きていくために必要なビタミンDは、食事によって取り入れるだけではなく、紫外線を浴びることによって合成されてもいるのです。そのため、紫外線が弱すぎると十分な量のビタミンDが合成できなくなり、くる病などの疾患を発症することがあります。高緯度地域で、メラニンの量が少なくなり、肌の色が薄くなるのは、弱い紫外線をうまく利用することにつながっているのです。

せっかくですから、肌の色と「人種」についても考えてみましょう。「白人」「黒人」といった表現からわかるように、肌の色は、一般に「人種」と関連づけられがちです。しかし、肌の色は、緯度との関連で連続的に変化するものであるため、黒色、黄色、白色ときれいに分けることはできません。そのため、肌の色の違いにもとづく「人種」という概念は、生物学的には有効といえません。ましてや、人間の能力とはまったくの無関係です。根拠のない差別・偏見をなくすためにも、人類学は重要な学問分野なのです。

体型と緯度

　緯度がヒトの身体形質に与える影響をもうひとつ紹介しましょう。緯度によって変化する気候条件は、紫外線量だけではありません。赤道に近い地域は暑く、高緯度地域は寒いというイメージのとおり、気温も緯度によって大きく変化します。この気温の変化は、ヒトの身体形質にどのような影響を与えているのでしょうか。

　生物の体型と緯度との関係を説明した「ベルクマンの法則」という有名な法則があります。これは、一般に赤道付近に生息する個体よりも高緯度地域の個体のほうが、体が大きくなるというものです。体が大きくなると体積に対する表面積の比が小さくなり、熱が逃げにくくなるので、寒冷な環境に適応的です。ベルクマンの法則にあてはまる例として、北極に住むホッキョクグマがほかの地域のクマよりも大型であることなどが有名です。

　人類では、ネアンデルタール人（ホモ・ネアンデルターレンシス）が体型の変化によって寒冷適応していたと考えられています。彼らがヨーロッパの寒冷地に住んでいた証拠が見つかっており、骨からは、身長のわりに体重が重く、寸胴で手足が短かったと推測されています。ただし、このような適応がヒト（ホモ・サピエンス）でも起きているかどうかは、まだまだ論争中で結論は出ていません。アラスカやグリーンランドなどの非常に寒冷な地域で生活してきたイヌイットには、寸胴で手足が短い体型の人が多いので、ヒトでの寒冷適応の例ではないかといわれています。

Q02. チベット高原のような高山に住んでいる人たちは、高山病にならないのでしょうか？

Chapter1

　地球上の陸地は有限です。われわれヒトは、その有限の陸上で爆発的に人口を増やし、分布を広げてきました。驚くべき適応能力を駆使し、過酷な環境にも暮らしています。ヒトが過酷な環境にどのように適応してきたかは、人類学上の重要な問いです。

高山は過酷！

　ヒトが適応した過酷な環境のひとつとして、海抜2,500 m以上の高山があげられます。高山上では低地よりも大気圧が低いため、1回の呼吸で取り込める酸素量が少ないのです。ふだん低地で生活する人がこのような高地にいくと、数時間〜数日で次第にめまい、吐き気、頭痛、呼吸困難など、急性高山病と呼ばれる症状が現れます。妊娠中の人の場合、自然流産しやすくなったり、胎児の発育に悪影響が出たりする可能性もあります。最悪の場合には、命にかかわります。ですが、高地で長期に生活すると、体が次第に環境に適応して、赤血球の数が増加します。赤血球は全身に酸素を供給する役割を果たす血液の細胞で、細胞内に酸素と結合するヘモグロビンというタンパク質を多量に含みます。そのため、赤血球が増えると体全体のヘモグロビン量も多くなり、酸素を効率よく血液中に取り込み、全身に酸素を送ることができます。しかしその一方で、赤血球の数が多くなると血液の粘度が高まり、血流が悪くなってしまいます。その結果、ひどくなると浮腫や塞栓症（血管内で血液が固まってできたかたまりが、血管につまり、血液の流れをふさぐ）などの症状が現れ、この状態を慢性高山病と呼んでいます。

　では先祖代々高山で生活してきた人はというと、低地で生活する人々とくらべて急性・慢性の高山病にかかりづらいことがわかっています。たとえば、チベット高原の平均標高は約4,500 mにもなりますが、チベット人は問題なく生活しています。どのように適応しているのでしょう。

チベット人の血液はドロドロにならない⁉

　チベット人と低地で暮らす人たちとでは、何が違うのでしょうか。チベッ

ト人は低酸素な環境にずっと生活しているにもかかわらず、赤血球の数やヘモグロビン量が低地の人と比較して多いわけではありません。そのかわり、彼らは肺の換気能力が高く、効率よく酸素と二酸化炭素を入れ替えることができます。高地で赤血球の数が多くならないのはデメリットのように思えますが、血液の粘度が高くならないため血流がよいので、酸素を脳や心臓に効率よく運ぶことができます。チベット人が急性・慢性の高山病にならずにすむのは、赤血球の数やヘモグロビンの量を増加させることなく、肺での換気能力を高めることによって適応しているからなのです。

チベット人の秘密は*EPAS1*遺伝子の変異

　高山で生活している人たちがみな、チベット人と同様の適応をしているわけではありません（図1）。たとえばアンデス山脈で暮らす人たちは、低地で暮らす人と同じように、赤血球の数やヘモグロビン量を多くして高地環境に適応していることが知られています。そのため血液の粘度が高くなり、アンデスの高地人はチベット人にくらべると慢性高山病にかかりやすいのです。

　チベット人の赤血球やヘモグロビン量が高地でも多くならない仕組みは、どこにあるのでしょうか。この問いに答えるため、チベット人の全遺伝子情報の調査がおこなわれました。その結果、*EPAS1*という遺伝子に、低地で生活するヒトの集団ではほとんど変異は見つからない一方で、チベット人では特有の変異があることがわかりました。❶ この *EPAS1* 遺伝子は、細胞が低酸素状況に陥った場合に働きます。*EPAS1* 遺伝子に変異をもつチベット人は、低酸素状況に陥ると、変異をもたない人にくらべてヘモグロビン量が少ないことが明らかになりました。

高地適応は化石人類の遺産!?

　チベット人の *EPAS1* 遺伝子とその周辺のゲノムの塩基配列は、ほかの現代人のものとは大きく異なることがわかりました。そして、この違いが生まれた理由も研究されています。最近の成果を紹介しましょう。

　2014年7月、チベット人の特殊な変異のある *EPAS1* 遺伝子の配列が、ロシアで発見された化石人類であるデニソワ人の *EPAS1* 遺伝子配列とよく似ていることが発表されました。❷ デニソワ人は60万年前にホモ・サピエンス

との共通祖先から分岐したと考えられている人類で、アジア地域にホモ・サピエンスより早くに移住していたものの、絶滅してしまいました。発見された化石はおよそ5〜3万年前のものであり、この頃にはすでにホモ・サピエンスもアジアに進出していました。

　チベット人に特異的な *EPAS1* 遺伝子配列は、デニソワ人とホモ・サピエンスとの間の子孫に由来する可能性が高いと考えられています。チベット人（の祖先）が今のチベット高原に移住した時期は約2万5,000年前と推定されているので、チベット人の祖先がまだ低地で生活していた頃に、デニソワ人との間に子供をつくったのでしょう。デニソワ人が現代のチベット人のように高山に適応していたかは定かではありません。しかし、デニソワ人の *EPAS1* 遺伝子がチベット人のみで頻繁に見つかるのは、彼らの祖先が高地に移住したことで、この変異に正の自然選択が働いたためだと思われます。すでに絶滅してしまった人類の遺伝子が、現在のチベット人の高山への適応として引き継がれ、今にいたる可能性があるのです。

【図1　高山で生活する人の体の適応。高山は低地にくらべて酸素分圧が低い。チベット人は、肺の換気能力が高く、また血流がよい。アンデスの高地人は、赤血球の数やヘモグロビン量が多いため、血液の粘度が高い。低地の人は高山環境にすぐには適応できない。】

❶ Yi, X., *et al.* (2010), *Science*, **329** (5987), 75-78.
❷ Huerta-Sánchez, E., *et al.* (2014), *Nature*, **512** (7513), 194-197.

Q03. 緯度や高度のほかにも、ヒトの身体形質に影響を与えた地理的要因はありますか？

Chapter1

わたしたちホモ・サピエンス（ヒト）はさまざまな環境に暮らしているため、緯度や高度によって、身体形質（肌の色や赤血球の働きなど）に多少の集団差がみられます（Q01 や Q02 参照）。それでは、これら以外にも、人類の身体的特徴に影響を与えた要因はあるでしょうか。

小さな原人

緯度や高度以外の地理的要因が人類の身体形質に大きな影響をおよぼしたことを示唆する、興味深い化石人類の例が報告されています。およそ200万年前以降、人類の体や脳のサイズは年代を追うごとに大きくなってきたことが、化石証拠からわかっていました。ところが、2003年9月に、人類進化における体と脳の拡大傾向からはずれる奇妙な例外が発見されました。それは、インドネシアのフローレス島にあるリアン・ブアという洞窟で発掘された原人の化石です。その原人の身長は 100 cm をわずかに超える程度で、脳容量も 426 cc（ヒトでは平均 1,300 cc）しかありませんでした。この小さな人類の化石はおよそ2万1500年前のものとわかり、ホモ・フロレシエンシス（通称、ホビット）と名づけられました。では、なぜこのような小さな人類が現れたのでしょうか。

ホモ・フロレシエンシスの驚くべき点

フローレス島はインドネシア西部にあり、生物地理上の境界線であるウォレス線の東側の海上にあります。この島は深い海に囲まれているため、海面が下降していた氷期にも、ほかの陸地とつながったことはありません（図1）。最も海面が下がった時期でも大陸から 20～30 km の距離があり、この海を渡るのはそうとうな困難を伴ったはずです。

そういった理由から、発見された当初、ホモ・フロレシエンシスを新種の人類とする解釈に疑問の声があがりました。この化石が発見された時期には、ホモ・サピエンス以外の人類はいなかったはずとの考えから、ホモ・フロレシエンシスの化石は新種ではなく、病気になったホモ・サピエンスのも

のだと主張する研究者もいました。小さな脳は小頭症によるもの、小さな体はラロン症候群（小人症の一種）や甲状腺の機能障害によるとされたのです。しかし、そうした病気をもつ現代人とホモ・フロレシエンシスの形態がかなり異なることから、この考えは否定されています。また、発掘されたホモ・フロレシエンシスの足指や頭部などに怪我が治癒した痕跡も見られるため、病弱な個体であったとは考えにくいのです。

島嶼効果

ホモ・フロレシエンシスのような小さな人類が生まれた理由を知るのに、「島嶼効果」という現象が鍵となりそうです。これは、孤立した島のような環境では、大型の哺乳動物は小さくなり、小型の哺乳動物は大きくなるという傾向のことです。島嶼効果が働く原因は完全にはわかっていませんが、孤立した島に特徴的な、狭い生活域や少ない食料資源、外敵や競争相手の少なさなどが関係していると考えられています。

フローレス島は氷期にもほかの島と陸続きにならず、トラなどの大型の肉

【図1　フローレス島周辺の地図。フローレス島周辺の海は深く、氷期の最も海面が下がった時期も、ほかの陸地とつながることはなかった。】

食哺乳類は生息していないなど、島嶼効果をもたらす条件を満たしていたと考えられています。実際、島嶼効果を受けたらしい動物たちの化石が発掘されています。たとえば、アジア地域に生息していたゾウの仲間であるステゴドンは、一般的には体高が2〜3 mですが、フローレス島のステゴドンは1 mほどしかありません。ほかにも、巨大なラットの化石なども見つかっています。ホモ・フロレシエンシスが、同じ時代のほかの人類とくらべて極端に小さい身体を手に入れた背景に、島嶼効果がひと役買っていた可能性は十分考えられます。

ホモ・フロレシエンシスの謎

島嶼効果は、体の大きさに加えて、脳の大きさにも影響を与えることがあります。地中海のマジョルカ島に生息していたヒツジの仲間や、マダガスカル島にいたカバについて、島嶼効果による体の小型化に伴い、通常以上に脳が縮小する例が報告されています。ホモ・フロレシエンシスの脳容量は、チンパンジーと同程度しかありません。

しかし、ホモ・フロレシエンシスが見つかった洞窟では、彼らがつくったと思われる石器が多数見つかっているのです。"こんなに脳の小さい人類が、どうして石器をつくることができたのか？"ということが、人類学における問題のひとつとなっています。この謎を解明するには、さらなる化石の発掘と研究が必要でしょう。

【図2　ホモ・フロレシエンシス（左）とホモ・サピエンス（右）の比較。ホモ・フロレシエンシスは大人でも、身長が約100 cmしかなかったと考えられている。国立科学博物館（東京都・上野）には、ホモ・フロレシエンシスの復元像が常設展示されている。】

❶モーウッドら著, 馬場監訳, 仲村訳 (2008),『ホモ・フロレシエンシス（上）—1万2000年前に消えた人類』, 日本放送出版協会.

Q04. わたしたちの体は、ウイルスや細菌のような病原体とどのようにして戦っているのでしょうか？

Chapter 1

　ヒトの体には、病原体に対抗する仕組み（免疫系）がそなわっていて、わたしたちが意識せずともそれらは働いています。ここでは、その仕組みについて概説します。また、現代人の遺伝子からヒトと病原体との戦いの歴史を探る試みを紹介します。

ヒトの体にそなわった病原体対抗策

　わたしたちの体には、鼻、口、眼、皮膚など、外界と接する部分が多く、そこから異物が体内（血液中や細胞内）に侵入する危険性があります。これらの部位では、異物の侵入を防ぐ物理的・化学的な仕組みが発達しています。たとえば、皮膚の細胞層による外界との隔たりの形成、鼻水や涙による異物の流し出し、汗や皮脂・胃酸による殺菌、咳やくしゃみによる異物の追い出しなどです。

　もちろん、異物がこれらの仕組みを突破して血管やリンパ管に入ってくることもあります。すると今度は、血管内外を行き来できるマクロファージなどの白血球が、異物を取り込んで消化します。また、異物が微生物の場合、白血球だけでなく、血清中の抗微生物タンパク質が働き、微生物を殺します。

　白血球に捕まらず、抗微生物タンパク質にも殺されなかった微生物が細胞内に入ってしまったら、どうなるでしょうか。侵入された細胞は微生物の一部を細胞表面から外部に出し、ナチュラルキラー（NK）細胞に感染したことを伝えます。NK細胞は細胞膜に穴をあけるタンパク質を放出し、感染した細胞自体を死に追いやります。一方で、体内に異物が侵入すると、B細胞やT細胞というリンパ球などが働いて抗体をつくり、侵入してきた病原体を排除します。さらに、その抗体の「記憶細胞」（抗体をつくる前段階の細胞）が体内に"常駐"するようになり、以降は同じ異物が入ってくると素早く反応し、除去できます。これが予防接種の原理です。

ヒト集団としての病原体との戦い

　細菌やウイルスの多くは、細胞表面にある受容体を足がかりにして細胞内

へ侵入します。受容体は本来、細胞外から運ばれてくるさまざまな分子を受けとるタンパク質で、細胞どうしでの情報のやりとりなどを担っています。受容体を利用して感染する細菌やウイルスは、進化の過程でその侵入術を獲得したと考えられています。一方でヒトは、免疫系を発達させる以外にも、受容体を利用する病原体と戦う術を編みだしてきました。

　ヒト集団の中には、遺伝子の塩基配列に変化が生じてしまったために、特定の受容体が正常につくられない個体がいます。受容体が正常でない「不完全な細胞膜」をもつことは、通常、その個体の生存に不利に働きます。ただし、その受容体を侵入経路とする病原体にさらされた場合は、例外です。病原体は利用可能な受容体のない細胞には侵入できないため、不完全な細胞膜をもつ個体は病気にならずにすむのです。

　このような"平時は不利に働くが、感染症流行時には有利に働く"遺伝子を、ヒトは集団内であえて保持している、という考えかたがあります。つまり、遺伝子の多様性（多型や変異）が、感染症による集団の全滅を防いでいるということです。感染症が流行しやすい地域では、人類の歴史上流行と沈静化が繰り返されてきたのでしょう。そんな中、その地域における多型や変異をもつ人の割合は、増えたり（感染症流行期）減ったり（感染症沈静期）を繰り返しながら、ある一定レベル以上を保ってきたと考えられます。

マラリアとの戦い

　遺伝子の多様性によってヒトが対抗し続けてきた病気の例として、マラリアが有名です。マラリアは、蚊によって媒介されたマラリア原虫が赤血球中で増殖することにより発症する病気で、感染者は死にいたることもあります。熱帯で多く見られ、現在もマラリアによる死者は少なくありません。

　アフリカなどのマラリアによる死者が多い地域では、ほかの地域にくらべて鎌状赤血球症という遺伝病の患者の割合が非常に高いことが、昔から知られていました。この病気の原因は、ヘモグロビンを構成するβグロビン鎖というタンパク質の遺伝子の変異です。この変異を両親から2つ受け継いで生まれると、鎌状赤血球症のために幼少期に死んでしまいます。受け継いだ変異が1つだけの場合は、日常生活を送るうえでは問題ありませんが、激しい運動をしたり酸素が少ない環境に置かれたりすると、貧血に見舞われます。このような明らかに生存に不利な変異は、ふつうは淘汰されるはずで

す。にもかかわらず、鎌状赤血球症の遺伝子変異の出現率が高い割合を保っているのは、マラリアへの抵抗という面で有利なためと考えられています。この変異をもつ赤血球ではマラリア原虫が増殖しづらく、マラリアに感染したとしても軽い症状ですむ、という特徴があるのです。そのため、本来ならば淘汰されてもおかしくない不利な変異が、マラリアが蔓延するこれらの地域では何世代にもわたって受け継がれてきました。

繰り返し働いてきた遺伝子変異？

　遺伝子の多様性による病原体への対抗例はほかにもあります。たとえば、ある遺伝子に変異をもつために、HIV（ヒト免疫不全ウイルス）に感染しにくい人がいます。HIVは、ヘルパーT細胞という白血球の中に、細胞表面の受容体から侵入し感染します。この受容体の本来の働きは、病原体により生じた炎症部分から分泌されるケモカインという物質を受け取ることです。この受容体を発現した白血球は、ケモカインの出どころに集まって病原体を排除するよう働きます。したがって、ケモカイン受容体をつくる遺伝子の変異は本来生存に不利なのですが、HIVに感染しにくいという特徴があるため、限定的な条件下で有利にも働きます。

　さらにおもしろいことに、ペストが大流行したヨーロッパを生き延びた人たちの子孫の中に、ケモカイン受容体遺伝子に変異をもつ人が多いことがわかりました。[1]ペストは16世紀にヨーロッパで多数の死者を出した病気ですが、じつはその原因菌（ペスト菌）もHIVと同様、ケモカイン受容体を足場にして細胞に侵入します。ケモカイン受容体をうまくつくれない遺伝子の変異が、人類史上で猛威をふるったペスト菌とHIVという2種類の病原体への対抗策として働いたのです。もしかしたら、有史以前にも同じ受容体を足がかりに感染する病原体が出現していて、そのたびにこの遺伝子の変異が活躍していたかもしれません。

[1] Biloglav, Z., *et al.* (2009), *Croat. Med. J.*, **50**, 34-42.

Q05. ヒトの病気の中には、狩猟した動物や家畜を介して伝わった病原体によるものがありますか？

ヒトは、ほかの動物を狩ったり、飼育したりすることで、その肉を食糧として利用してきました。その際に、動物からさまざまな病原体をもらってしまうこともあり、恩恵を受けるばかりではありませんでした。多くの人がかかる麻疹（はしか）も、じつは大昔、家畜からヒトへと感染し、現代にまで残っている病気と考えられています。

病原体の生存戦略

ところで、そもそも私たちヒトを苦しめる病原体は、どのような戦略で生き延び、増殖しているのでしょうか。本題に入る前に、病原体の生存戦略について簡単に考えてみましょう。

病原体には、ヒトの細胞に侵入して栄養分を奪いながら増殖するものと、ヒトの細胞の外（ただし体内）で栄養分を奪いながら増殖するものがあります。前者は侵入した細胞を破壊することで、後者は毒素を放出することで人体にダメージを与え、病気を引き起こします。ヒトの体内に侵入した病原体は、時に宿主であるヒトを殺してしまうことがあります。宿主が死ねば、病原体も栄養源を失い、死を迎えることになります。ですから、病原体にとって、いかにして栄養分を効率よく奪いながら宿主を生かすか、もしくは、宿主が死ぬ前にいかに新しい宿主へと「逃げ移る」か、が重要な課題です。

ヒトと動物を行き来する病原体

感染とは、病原体が新しい宿主へと移り広がっていくことです。この広がりかたにもさまざまな戦略があり、病原体の中には、ヒトだけでなくほかの動物（とくに脊椎動物）にも感染できるものがあります。ヒトにもほかの動物にも感染できる病原体が引き起こす感染症を、「人獣共通感染症（zoonosis）」といいます。人獣共通感染症は人類学における興味深いテーマのひとつです。これまでに、家畜やペットからヒトに伝わったと考えられる人獣共通感染症も見つかっています。その代表例として、以下ではしかとトキソプラズマ症を紹介します。

農耕の起源とはしか

　はしかは、病原体であるはしかウイルス（モルビリウイルスの一種）が粘膜に付着して感染する病気です。はしかに感染した宿主は咳やくしゃみなどの症状に見舞われますが、このとき病原体を含む飛沫を飛び散らせることになります。ウイルスによる病気の中には、治癒後に再び感染するものもありますが、はしかは一度かかると一生保持される終生免疫が成立するため、再度感染・発症することはありません。ですから、はしかウイルスが宿主集団中で永続するためには、相当数の未感染者（新生児）の存在が必要となります。

　モルビリウイルスは、ヒト以外に、イヌ、ウシ、ヒツジ、ヤギ、アザラシやイルカでも見つかっています。これらの動物がモルビリウイルスにかかると、ヒトと同様に咳をし、ウイルスがほかの個体に感染していきます。ヒトのはしかは人獣共通感染症の一種で、はしかウイルスはほかの動物のもつモルビリウイルスが変異したものと考えられています。ところが、野生のサルではそのような病気もウイルスも見つかっておらず、はしかウイルスの由来は謎でした。

　そこで、これらの動物のモルビリウイルスのゲノム配列の比較により、ヒトとはしかウイルスとのかかわりの歴史を調べる研究がおこなわれました。その結果、はしかウイルスに最も近縁なのは、牛疫（偶蹄類の感染症）をおこすウシのウイルスでした。どうやら、ウシのモルビリウイルスがヒトに入り、はしかウイルスになったようです。おそらく、狩猟採集生活をしていた人類が農耕・牧畜を営むようになり、ウシを家畜化したのがきっかけだったのでしょう。はしかは、人類が生活や技術を向上させ発達してきた過程でかかってしまった、「文明病」ともいえます。

妊婦さんはネコにご注意

　トキソプラズマ症は、トキソプラズマ原虫を病原体とする病気です。妊婦がこの病気に感染すると、胎盤を通して原虫が胎児の体に侵入し、胎児が先天性トキソプラズマ症という病気になる場合があります。胎児がこの病気にかかると、流産や死産の可能性が高まるため、注意が必要です。

　トキソプラズマ原虫はネコ科の動物の体内で有性生殖をおこない、腸管で

受精した卵が糞と一緒に体外へ出ます。ヒトに感染するのは、乾燥した糞とともに空気中に舞い上がった卵を吸い込んでしまった場合です。トキソプラズマ原虫の感染は、ヒトだけでなく、たいていの哺乳類と鳥類にも起こります。原虫は筋肉に入って増殖し（無性生殖）、血流に乗って眼、そして脳の扁桃体に行きつきます。およそ9,500年前にはネコがヒトと一緒に生活していた考古学的証拠が見つかっているので、ヒトは大昔からトキソプラズマ症に悩まされていたのかもしれません。

　さて、トキソプラズマ原虫は有性生殖をして仲間を増やすために、ネコ科動物の体内に戻る必要があります。これにはとても巧妙な手段を使います。トキソプラズマ原虫が、たとえばマウスの扁桃体に侵入すると、その個体は情動に異常を生じ外敵を怖がらなくなります。つまり、トキソプラズマに感染したネズミはネコを怖がらなくなるため、ネコに食べられてしまう確率が高まるのです。ネコに感染していたトキソプラズマ原虫は、生肉を通して肉食動物へ、便を介して草食・雑食動物へ移動して増殖し、回り回って、感染ネズミがネコに食べられることで、まんまとネコの腸管に戻ることができる……。トキソプラズマ原虫は、感染する動物の食性や、臓器の性質を巧みに利用する戦略で生き延び、増殖しているのです。

❶ Hsu, D. *et al.* (1988), *Virology*, **166**, 149–153.

Q06. HIVはもともとチンパンジーがもっていたというのは本当ですか？

　HIV（ヒト免疫不全ウイルス）はエイズ（後天性免疫不全症候群）の原因となるウイルスです。HIVに感染すると、しばらく軽い風邪のような症状が続き、その後数年から10年くらいの間に免疫系が破壊され、死にいたります。HIVの発見後におこなわれた研究の結果、このウイルスはもともとチンパンジーをはじめとする霊長類がもっていたもので、なんらかのきっかけでヒトに感染して広まったという説が有力視されています。以下では、このチンパンジー起源説を検証するためにおこなわれた研究を紹介します。

HIVとは

　まずは、HIVについて基本的な理解をしておきましょう。HIVはレトロウイルスで、遺伝物質としてRNAをもちます。HIVが細胞に感染すると、自己のRNAの情報を逆転写酵素という自前の酵素でDNAに写しとり、宿主のDNAに組み込んでしまいます。HIVのゲノムは宿主ゲノムとともに複製され、やがて完成したウイルスが宿主細胞を殺して細胞の外へ出てきます。この逆転写酵素が、転写の際に頻繁にエラーを起こす点が厄介です。というのも、転写エラーのたびにレトロウイルスは性質を変え新しいタイプに生まれ変わるため、ワクチンの開発や治療が難しいのです。

　HIVには2つのタイプ（1型と2型）があり、2型は感染後のエイズ発症率や死亡率が比較的低いことが知られています。2型は西アフリカ地域以外ではほとんどみられず、日本を含む多くの地域で見つかるのはおもに1型です。では、HIVの起源はどのようにして特定されたのでしょうか。

霊長類の免疫不全ウイルスの系統樹

　HIVはヒトの免疫不全ウイルスですが、ヒト以外の霊長類も免疫不全ウイルス（総称してSIV）をもつことが知られていました。そして、HIVとSIVが共通の祖先をもつ近縁種である可能性が考えられたのです。そこで、HIVとSIVを収集し、ウイルスゲノムの塩基配列を比較する研究がおこなわれました。その結果、図1のような系統樹が描かれました。

図1左の系統樹から、HIV-1と最も近縁なのは、チンパンジーのもつ免疫不全ウイルスであることがわかりました。一方HIV-2は、HIV-1との近縁性が低く、アフリカに住むマンガベイというサルの免疫不全ウイルスと最も近縁なことがわかりました。系統樹ではHIV-2とマンガベイの間にアカゲザルのウイルスが記載されていますが、野生のアカゲザルで同じウイルスが見つからないことから、飼育下で種間感染したものと考えられています。これらの結果から、HIV-1とHIV-2はもともと異なるウイルスだったと考えられます。2種類のSIVが独立して進化し、ヒトへの感染力をもつHIVとなったのです。

　さらに、HIV-1のグループを詳しく調べてみると、HIV-1にはM・N・O・Pの4つのグループがあり、それぞれ異なる経路でヒトに入ったことがわかりました。MとNの2グループはチンパンジーから、OとPの2グル

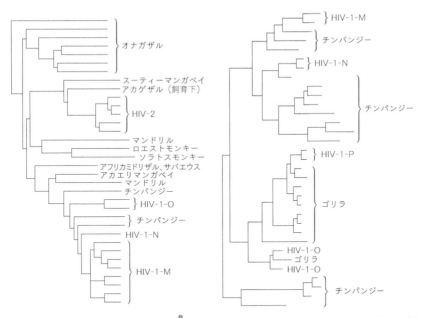

[図1　HIVおよびSIVの系統樹。左図から、HIV-1はチンパンジーのもつSIVと最も近縁で、HIV-2はマンガベイのもつSIVと近縁であることがわかる。右図から、HIV-1のM・N・O・Pの4タイプのうち、MとNはチンパンジーから、OとPはチンパンジーからゴリラを経由してヒトに入ったことがわかる。]

ープはチンパンジーからゴリラを経由してヒトに入ったらしいのです（図1右）。これらの研究成果から、現在では、HIVはチンパンジーなどのサル由来であると結論づけられています。

HIVは弱毒化傾向？

 ところで、霊長類全体で免疫不全ウイルスの影響を調べた結果、おもしろいことがわかりました。図1左で「オナガザル」と書かれたウイルスは、サルに感染しても健康に影響をおよぼさないのです❸。またチンパンジーでも、SIVに感染すると免疫力が落ちるなどのデータはあるものの、目立った異状をきたさず、ほとんど影響がないようにみえます。ゴリラもチンパンジーから入ったSIVには抵抗力があります。ヒトでは強い影響力をもつ免疫不全ウイルスが、ほかの霊長類に対してはほとんど影響しないのは、なぜでしょうか。

 ひとつの仮説ですが、免疫不全ウイルスが宿主への影響を小さくする方向へ進化している可能性があります。オナガザル属のSIVのタイプはHIV-1およびHIV-2より古く、長い間宿主と共存し続けてきました。このことは、オナガザル属のウイルスの毒性が弱いことを示唆しています。というのも、毒性の強いウイルスは、自己の複製を拡散させる前に宿主の細胞を殺してしまうからです。宿主が死ねば自らのすみかを失ってしまうので、毒性が強すぎることはウイルス自身にとっても不都合です。チンパンジーやさらに古いタイプのアフリカミドリザルの免疫不全ウイルスは進化の過程で弱毒化し、ほとんど影響のないレベルに落ち着いたのかもしれません。HIVもSIV同様、年月をかけ弱毒化していくと、Q04で紹介した病気に抵抗する遺伝子変異とあわせ、共進化の結果として共生関係に落ち着くと考えることもできます。

---

❶ 京都大学オープンコースウェア，ウイルス研究所，ウイルス多様性科学2，講義ノート，第4回資料．
❷ D'arc, M. *et al.* (2015), *PNAS*, **112**, E1343-E1352.
❸ van Rensburg, E.J. *et al.* (1998), *J. Gen. Virol.*, **79**, 1809-1814.

Q07. これまでにたくさんの生物種が絶滅してきましたが、このような事象にヒトはかかわっているのですか？ 証拠はありますか？

およそ40億年にもなる生命の歴史は、多くの種の絶滅を伴っています。そんな中、つい20万年前に誕生したホモ・サピエンス（ヒト）という新参者が、現在の地球上で最も成功した種となりました。ヒトの成功の裏ではかつてない規模で絶滅現象が起き、それは今も進行中だと考えられています。

大量絶滅

生命の歴史において、「大量絶滅」と呼ばれる出来事が5回あったとされています。オルドビス紀末、デボン紀末、ペルム紀末、三畳紀末そして白亜紀末の5回、地球上の生物多様性が（地質学的にみて）あっというまに失われたのです。図1は化石記録にもとづく生物の科数の変遷ですが、大量絶滅の結果がはっきりと表れています。❶ 種のレベルでみるとより鮮明で、たとえばペルム紀末には、全生物種の90％以上が絶滅したといわれています。❷

大量絶滅の原因はまだわかっていませんが、現象の規模から考えて、地球全体に影響をおよぼす"何か"があったと考えるのが妥当でしょう。これまでに、巨大隕石の衝突、大規模な火山噴火、あるいは地球全体が凍ってしま

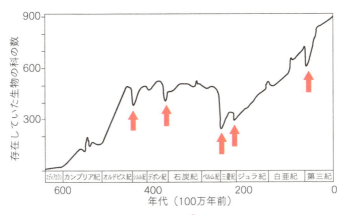

【図1　顕生代における生物の科数の変遷。赤い矢印で示した時代に、大量絶滅が起きたと考えられている。】

うほどの気温低下など、さまざまな候補が考えられてきました。しかし、絶滅が起きた証拠は得られても、その理由を明らかにする証拠はなかなか見つかりません。また、"何か"は複数あり、当時の生物にとって好ましくないことが重なって起きたのが原因という可能性もあります。

　現在の地球では6度目の大量絶滅が起こっている、と考える生物学者は少なくありません。化石と現生生物のデータから、過去500年間で絶滅のペースが非常に早まったことがわかっています。このペースで絶滅が進むと、あと240〜540年で過去5回の大量絶滅に匹敵する量の生物種が失われる、という試算があるほどです。それが本当だとすると、原因はなんなのでしょうか。隕石の衝突でも火山活動でも気候変動でもなく、わたしたちヒトの活動かもしれません。たしかに、世界中へと拡散し各地で成功をおさめてきたヒトが、地球全体で"何か"を起こしている可能性はありそうです。この先は、ヒトが原因と考えられている絶滅の有名な例をご紹介しましょう。

ヒトは恐ろしいハンター？

　オーストラリアはかつて、大型動物たちの棲む大陸だったことが知られています。数万年にわたってジャイアントカンガルー、サイに似た草食の大型有袋類ディプロトドン、巨鳥、巨大爬虫類などが棲息していたのですが、いずれも5〜4万年前に絶滅してしまいました。一方、ヒトがオーストラリアに到達したのは約5万年前。このタイミングの一致から、オーストラリアにおける大型動物の絶滅の原因はヒトであった可能性が浮かび上がってきます。大型動物たちにとって、突然やって来たヒトは恐ろしいハンターだったというわけです。大型動物がヒトによって絶滅させられた可能性がある例が見つかるのは、オーストラリアだけではありません。シベリアではマンモス、ヨーロッパではホラアナライオンやホラアナグマ、南北アメリカ大陸においてもマンモスや、メガテリウムという大型のナマケモノが絶滅しました。

　一方で、この時期のヒトが、それほど優秀な狩猟技術をもっていたのか、本当は気候変動が大絶滅の主因だったのではないか、という疑問をもつ研究者もいます。しかし、大型動物を絶滅させるには、ヒトが優秀なハンターである必要はなかったかもしれません。大型動物は、ほかの動物に襲われにくい大きな体を獲得しました。その代償として、成長に時間がかかり繁殖効率が低いため、若い個体が減ると絶滅の可能性はいっきに高まります。ヒトが

襲いやすい幼い個体を狙ったとすれば、狩りの成功率がそれほど高くなかったとしても、大型動物たちの生き残りには大打撃だったはずです。

また、ヒトを知らない動物にとって、この鋭い牙も爪ももたない二足歩行の霊長類は、恐ろしい存在には見えなかったでしょう。襲いかかってくるヒトを前に、大型動物たちは逃げも隠れもしなかったのかもしれません。比較的最近の事例からも、ヒトを知らない動物はヒトを恐れないことが知られています。たとえば、モーリシャス諸島に生息していたドードーという鳥は、大航海時代の船乗りたちに無抵抗のうちに捕獲され、あっというまに絶滅してしまいました。

人類と動物たちの共存

つぎに、アフリカに目を向けてみましょう。じつは、アフリカに残された化石記録からは、大型動物たちが急激に数を減らしたという証拠は得られていません。ヒトによって狩り尽くされることはなかったようです。アフリカとほかの大陸とで、なぜこのような違いが生じたのでしょうか。

最大の違いは、人類と共存してきた時間の長さです。アフリカの動物は、ヒト以前の人類や初期のヒトと共存していました。つまり、狩猟で大きな力を発揮する集団をつくったり、道具・技術をつくったりという文化をそれほど発達させていなかった頃から、人類とは"顔見知り"でした。人類は徐々に狩猟文化を発達させていきましたが、動物の側も人類への警戒心を高めるなど適応的な行動を獲得できました。ヒトが優秀なハンターへと進化する一方で、アフリカの動物は優秀な逃走者へと進化できたのかもしれません。

ここまで、ヒトによる狩猟と動物たちの関係を考えてきましたが、現代人は狩猟以外の方法で絶滅をもたらしている可能性も高いです。たとえば、森林伐採による生息地の減少や、温室効果ガスの排出による地球温暖化や海洋酸性化などです。絶滅は直接観察できる現象ではないため、気づきにくいものです。科学は過去の絶滅に気づかせ、将来の大量絶滅に警鐘を鳴らしています。

❶ Sepkoski, J.J. (1990), "Evolutionary Faunas." In Briggs, D.E.G, and Crowther, P.R. (eds.), *Paleobiology: A synthesis*, pp.37–41, Blackwell.
❷ Barnosky, A.D. (2011), *Nature*, **471**, 51–57.

Q08. 人類の活動がほかの生物にとって有益だったことはありますか？

Chapter 1

まず、「生物にとって有益」とはどういうことでしょうか。ここでは、生物にとっての究極の目標を「子孫を増やし、その種の個体数を維持もしくは増加させること」としましょう。そして、その目標を達成しやすいことこそが、生物にとって有益だと考えることにしましょう。そう考えると、人類の活動がほかの生物の個体数の増加に寄与した例は多数あるので、人類の活動がほかの生物にとって有益だったことは「ある」といえます。具体的には、家畜や栽培植物については、人類がその生存環境をつくった、と考えることができます。

ニューギニアのサツマイモ耕作

栽培植物の例として、東京大学の梅﨑昌裕博士が調査するニューギニア島のサツマイモ耕作を紹介します。南太平洋のニューギニア島には高地と低地があり、低地では、焼畑とその周囲の二次林に棲む動物の狩猟生活が営まれています。サツマイモ耕作は標高1,200 m以上の高地でおこなわれています。サツマイモはもともとこの土地に自生していたわけではなく、南米や中米で栽培化されていました。それがコロンブスによってヨーロッパに持ち帰られ、さらに約300年前にパプアニューギニアに持ち込まれたのです。

ニューギニアの高地はサツマイモ栽培に非常に適していました。というのも、その土壌は、今から約400年前に噴火したロング島の火山（ニューギニア島の北岸）が降らせた火山灰を大量に含むからです。サツマイモは火山灰地のような水はけのよい土地でよく育つため、耕作が盛んになりました。

火山の噴火とサツマイモの持ち込みがたまたま重なり、ニューギニア島の高地は人類が住みやすい土地になりました。それ以降人口が増加し、現在では人口密度が約100人/km^{2}に達しています。この人口密度の高さは驚異的です。開発途上国の狩猟採集民族の人口密度は平均すると0.5人/km^{2}ほどで、農耕民族ではそれより多いですが、100人/km^{2}には遠くおよびません。

ニューギニアの緑肥栽培

　ところで、ニューギニアの高地では日本と同じような畑をつくりますが、肥料を使いません。町では肥料が売られているので、手に入らないわけではなく、あえて使っていないのです。肥料を使わない場合、土壌中の栄養分が使い果たされ数年のうちに植物を栽培できなくなるはずですが、ここでは100年も連続してサツマイモが耕作されています。これはとても不思議なことで、何か理由があるはずです。

　ニューギニアの人々は「緑肥」という方法を取り入れています。つまり、畑の中や周囲で草木を育て、その葉を落として肥料としているのです。男性は畑のまわりにさまざまな木を植えます。彼らは植物の特性をよく知っていて、「畑に植えるとサツマイモがよく育つ木」をサツマイモと同時に育てています。ただし、その知識は科学的知見というよりは、栽培者それぞれの経験にもとづくものです。サツマイモをよく育てると思われる樹木を植えることは、"男性のたしなみ"なのだそうです。一方、女性は畑の中にさまざまな草を生やします。畑に自然に生えてきた雑草のうち、どの草が将来畑を豊かにする草なのかを判断し、それ以外の不要な草を抜きます。畑を豊かにする草を育て、刈り取って乾かし、土にすきこみます（土を盛り、畝をつくり、その中に乾燥させた草をたくさん埋めます）。これが女性の仕事だそうです。

　彼らはこの方法で、長年サツマイモの連作をおこなってきました。ただし、栽培者によって取捨選択する植物は多少異なります。そのため、緑肥の効果の大きさを評価できる十分なデータはありませんが、マメ科植物など窒素固定能力の高い植物が緑肥として選ばれる傾向もあります。

サツマイモ栽培と自然植生への影響

　梅﨑博士は、サツマイモ栽培者の多くが「よい」と考える植物が、ニューギニアの自然植生にも多いかどうかを調べました。すると、サツマイモ栽培によいと考えられている植物は、たしかに自然環境の中にもたくさん見つかりました。このことは、サツマイモ栽培の緑肥として有益な植物が、つねに人為選択を受けてきた結果とも考えられます。人間がサツマイモ耕作に好ましいと考えた植物は個体数を増やし、好ましくないと考えた植物は刈り取ら

れるなどして個体数を減らしてきたのかもしれません。サツマイモを育てるだけでなく、それを助ける植物も同時に管理し続けることで、サツマイモ耕作にとって都合のいい生態系がつくられたと考えることができます。

　以上のニューギニアの事例のように、人間の活動はひとつの種の個体数に限らず、生態系を構成する植物の多様性にも影響をおよぼしてきました。

稲作と水田雑草

　人間の活動と生態系に関連する興味深い話があります。「水田雑草」と呼ばれる植物をご存じでしょうか。水田にみられるイネ以外の草本、ミズアオイ科のコナギ、オモダカ科のオモダカ、デンジソウ科のナンゴクデンジソウなどのことです。水田は世界中にありますが、水田雑草の種類はかなりの部分が世界中で共通することがわかっています。つまり、水田雑草の種類には地域性が少ないということです。一方で、畑の雑草は地域による違いが大きく、たとえば日本と中国では異なる種類の雑草（草本）が生えています。水田生態系の生物多様性が高いことは、よく知られていますよね。人間が管理している水田と、稲作をやめ管理を放棄した水田の状態をくらべると、前者はより高い生物多様性をもちます。タニシやドジョウも、人間に管理されている水田によりたくさんみられるのです。

　水田は安定的な環境です。たとえば、水が張られた状態では土壌が嫌気的（酸素が少ない状態）になるので、病原体や害虫などが生息しにくい環境が生まれます。また、水が外から流れ込むので、イネの生育に必要な栄養分が供給されます。そして、雨が降らなくても水田の土壌はつねに水に浸かった状態です。これほど安定的な環境はめったになく、水田は人間がつくりだした特殊な環境なのです。

　水田がつくられる以前、現在水田に生えているような植物のニッチ（生態的地位）はとても小さかったはずです。そういった植物が人間による水田の発明をきっかけに繁殖し、人間がインドや中国から日本へ、東南アジアへ、そして南米へと水田を広げるとともに、生息域を広げてきました。稲作という人間の活動は、水田雑草の個体数や生息域におおいに影響を与えてきたといえますね。

Q09. 日本列島の環境は、ヒトが生活するようになってからどのように変わりましたか？

　日本列島にヒトが住みはじめた時期については、いくつかの説がありますが、4万年前頃という考えが主流です。この時期から1万年前頃までは最終氷期（いちばん最近の氷期）にあたります。日本列島では4万〜1万年前の遺跡が1万カ所以上見つかっていますが、それ以前にヒトが生活していたという確実な証拠は見つかっていません。

　ここでは、ヒトがやってくる前後の日本列島の環境について、わかっていることを簡単にまとめていきます。そして、ヒトの活動によってどんな変化があったのか、検討していきましょう。

氷期の列島と大陸からの移住者たち

　7万年前から1万年前にかけて、地球は最終氷期にあたり、日本列島にも寒冷地の動植物が生息していました。氷期には、蒸発した海水の一部が陸域で氷として固定されるので、海水量は減少します。最終氷期には、海水面が最大で120mも低下しました。その結果、日本列島はユーラシア大陸とつながったり、大型の動物が行き来できるていどに海峡が狭くなったりしたようです。

　そして、日本列島に大陸由来の動物たちが生息しはじめたことが、化石の分布からわかっています。たとえば、現在の朝鮮半島のあたりを経由してオオツノジカやナウマンゾウなどの南方系の動物が渡ってきて、ナウマンゾウは北海道東部まで進出したようです。また、樺太と北海道がつながり、津軽海峡も大きな川くらいの幅になっていたため、北方系の動物が現在の本州にまで渡来しました。ヘラジカなどが現在の岐阜県のあたりまで分布を広げていたことや、マンモスが北海道に生息していたことがわかっています。

　植物はどうだったのでしょうか。当時の地層から見つかる花粉の分析によって、北海道北部や東部では、寒帯の草原と針葉樹林がモザイク状に広がっていたことがわかっています。北海道の西部や古本州島東半部にかけては寒温帯針葉樹林、西南日本にかけては温帯針広混交林が優先していたようです。

　では、上述の環境で、ヒトはどのような暮らしを営んでいたのでしょ

か。最終氷期の日本列島では、大部分の森林にはドングリなどの堅果類がなく、食用植物資源に乏しかったと予想されます。当時のヒトは、狩猟によって得られた食物を中心とした生活を送っていたのでしょう。ただし、食べられていた動物の骨はほとんど見つかっていません。そのかわり、2万5,000年前以降の遺跡からは、狩猟用の槍の一部と思われるナイフ形石器や、細石刃（骨角などの素材を並べてはめ込んだ石器）や、動物を捕えるためと思われる落とし穴が見つかっています。

最終氷期の後半になると、マンモスやナウマンゾウなどの超大型獣は日本列島から姿を消してしまいました。その要因として、寒冷期と温暖期が交互に訪れる短期的な環境変動による、植生の変動（餌場となる草原の喪失）の影響が大きかったと考えられています。超大型獣が消えてからは、シカやイノシシといった中型の動物が、日本列島に住むヒトの獲物となりました。

縄文時代の環境とヒトの暮らし

約1万年前に最終氷期が終わり、地球は急激に温暖化しはじめました。その結果、日本列島の植生に大きな変化が起こり、1万年前にはクリなどの堅果類を含む温帯の森林が成立したことがわかっています。また、オオツノジカやステップバイソンなどを含む大型獣がいなくなりました。このような状況で、植物と魚類に依存した定住生活を特徴とする縄文文化がはじまったと考えられています（Q18参照）。縄文時代の人びとは、周辺の環境によく適応していました。たとえば、北海道では海産物を中心とした食生活が発達し、本州では森林の資源と海洋の資源を組み合わせた食生活が発達しました。

本州の中でも西日本は照葉樹林が中心で、堅果類の生産量は多くありません。一方、東日本の落葉樹林では、照葉樹林の堅果類よりも生産性の高いクリやドングリが多かったようです。このような東西の植生の違いは、縄文時代に、西日本より東日本に多くの人口が分布していた可能性を示唆します。この東西日本の人口分布についての推測は、遺跡の数の違いから、間接的に裏づけられています。

堅果類は秋に豊かに実りますが、主食としてほかの季節にも食べるためには貯蔵が必要です。また、生では食べられないので加熱調理をしなければなりません。そして、貯蔵や調理のための土器や石皿などが出現しました。旧

石器時代が終わり、縄文時代を特徴づける土器が現れるのはおよそ1万6,000年前のことです。

ヒトが環境に与えた影響

　縄文時代の日本列島では、クリのほかにクルミやフキ、ワラビなどもよく利用されました。たとえば、三内丸山遺跡の土に含まれている花粉の分析からは、クリが自然状態ではありえないほど密集していたことがわかっています。これらはいずれも明るい開けた場所でよく育つ植物です。有用植物を残すために、ヒトが伐採や野焼きによってそれ以外の植物を除去し、環境を改変していたと思われます。

　また森は、調理や土器製作に必要な火をおこすための薪や、住居の建築材を得る場所となりました。ヒトにとっては、食料源としても役立つクリや、生育の早い樹種などを中心とした森林が好都合です。実際に、森林の樹種を人為的に操作しはじめ、その結果、二次林を生むことにつながりました。

　縄文時代の後半の4,500年前頃には、リョクトウやダイズなどの豆類やヒョウタン、アサ、エゴマ、シソ、ゴボウなどの外来植物も持ち込まれました。

　やがて、2,800年前頃に稲作がはじまり、水田が特徴的な風景となる弥生時代へ突入していくことになります。水田稲作がはじまると、耕作用に水をためるようになりました。そこには、水場をすみかや繁殖の場とするカエル、メダカやドジョウなどの小魚、それらを食べるサギやトキ、コウノトリなどの水鳥も数多く暮らしたでしょう（Q08参照）。稲作によって食糧が豊富になったことで人口も増え、このようなヒトの活動による環境の変化もいっそう進んだはずです。山裾に水田が広がり、雑木林の資源も利用する「里山」と呼ばれる景観が、かつては日本列島の各地で見られました。これは、縄文時代の森林利用の伝統と弥生時代の水田稲作が融合したものと理解できるかもしれません。

- 米田穣ほか（2011）,「同位体からみた日本列島の食生態の変遷」.（湯本貴和ほか編,『環境史をとらえる技法』, 文一総合出版, pp.85-103.）
- 堤隆（2009）,『ビジュアル版 旧石器時代ガイドブック』, 新泉社.
- 西田正規（2007）,『人類史のなかの定住革命』, 講談社.
- 佐藤宏之ほか（2011）,「旧石器時代の狩猟と動物資源」.（湯本貴和ほか編,『野と原の環境史』, 文一総合出版, pp.51-71.）

Q10. 人類学者が犯罪捜査で活躍している海外ドラマを観ました。本当にそんなことがあるのですか？

Extra question

　人類学に関する知識や技術を活用して犯罪捜査に貢献する、「法医人類学」という分野があります。法医人類学者は、日本でも実際の犯罪捜査で活躍しています。

法医人類学者の仕事

　法医人類学者は、おもに骨からさまざまな情報を読み取っていきます。まず重要なのは骨の形状で、それだけでも多くの情報が得られる可能性があります（詳しくは後述）。また、発見された骨にどこか「おかしなところ」はないかも分析します。たとえば、骨を残した死者が生前なんらかの暴力を受けた可能性や、もし受けたとすればどんな暴力だったのか、などの重要な点となることもよくあります。

　法医人類学者は「現代の人」を調査対象とし、また、「人骨は誰のものなのか、そこで何があったのか、犯人は誰なのか」といった具体的な事柄を明らかにすることを目的としています。そして出した「答え」が正しいかどうか「答え合わせ」される点でも、法医人類学はとてもユニークな分野であるといえるでしょう。

骨から身元推定ができる？

　さて、ここからは、法医人類学者が犯罪捜査に用いる骨の知識を少し学んでみましょう。まずは、人骨は誰のものかを推定するための情報集めです。

　骨の形状は、遺伝情報によってある程度決定されますが、それに加えて、どのような生活をするかによっても変化します。そのため、骨を調べると、じつにさまざまな情報を読み取ることができるのです。それでは、代表的なものをいくつか見てみましょう。

　まずは、性別の判定です。男女では骨盤の形が異なります。女性の骨盤は出産のときに赤ちゃんが通りやすいように、骨盤の下の部分（骨盤下口）が広い形になっています。こういった特徴をもとに性別を判定できるのです。

　次に年齢です。骨は年齢とともに成長するため、成長度合いをみること

で、死亡時のおおよその年齢がわかります。たとえば、生まれたときには、頭蓋骨はいくつかに分かれており、成長とともに癒合します。赤ちゃんの頭をなでてみると骨と骨の間のへこみ（大泉門）がよくわかりますが、癒合して以降は触っても境界がわからなくなります。頭蓋骨以外の骨でも、こうした成長にともなう癒合は起こっており、その状態を調べることでおおよその年齢推定が可能です。たとえば、骨盤のお腹側にある恥骨結合面という部分は高齢になるまで変化し続けるので、年齢推定によく用いられています。このような骨による年齢推定は、10代までならプラスマイナス2歳程度、40代までならプラスマイナス5歳程度、それ以降だとプラスマイナス10歳くらいの精度で推定できます。

　年齢や性別以外にも、骨はさまざまなことを教えてくれます。たとえば、出産時に骨に残る特有の痕跡を調べることで、出産経験の有無がわかります。また、俗に「うんこ座り」といわれるしゃがむ姿勢を頻繁にとると、脛骨に特有の蹲踞面が見られるようになります。ですから、骨を見れば座りかたの癖まで推定できてしまうのです。ちなみに、1980年代後半以降に生まれた人には、このような特徴はほとんど見られません。これは、学校設置のトイレが和式から洋式に変わったのと大きく関係しているようです。上記以外にも、クラリネット奏者やダイバーといった特定の職業の人の骨に特徴的に見られる形質もあり、それらの情報から総合的に判断することで身元推定がおこなわれています。

骨から死因が推定できる？

　殺人事件の被害者の骨にどのような傷がついているかを調べることで、死因を推定することができます。

　亡くなってから白骨化するまでの過程で骨にはさまざまな傷がつきますが、人がつけた傷とそれ以外の動物や自然現象によってできた傷とは、多くの点で異なります。たとえば、動物や自然現象で生じる傷には、直線状のものはほとんどありません。そのため、直線状の傷があった場合、それは誰かがなんらかの道具を使ってつけたと考えることができます。また、銃、刀、鈍器などの凶器によって危害を加えられた場合、骨に特徴的な傷が残るため、傷のつきかたを詳しく調べることにより、どのような道具で、どのような角度から攻撃されたものかも推測可能です。

法医人類学者の目はごまかせない!?

　当然のことながら、死後骨を残すのはヒトだけではありません。骨が発見されたときに法医人類学者が真っ先に見なければいけないのは、それがヒトのものかヒト以外の動物のものかです。単純なことのようですが、重要です。実際のエピソードとともに法医人類学者の仕事を紹介します。

　以前、道路の拡張工事中に大量の骨が出土して、殺人事件があったのではないかと疑われたことがありました。しかし、それらの骨を鑑定してみたところ、すべてブタの骨で、しかも人為的に割られていました。調べてみると、その現場は以前あるラーメン店が開業していた場所で、スープづくりに使った豚骨をまとめて埋めていたことが明らかとなりました。このように、骨の鑑定の際、最初におこなうべきことが、ヒトとそれ以外の動物の鑑定である「人獣鑑定」です。ブタ以外にも、ヒトの骨として持ち込まれたのがじつはクマのものだったという事例もあります。

　また、あるごみ処理場で、袋詰めにされた状態で小さい骨が見つかりました。あまりに小さいことから、鳥やネズミの骨とみなされ事件性はないと判断されました。念のため法医人類学者が鑑定したところ、じつはヒトの新生児の骨であることがわかり、死体遺棄として捜査がおこなわれたこともありました。

　最後に、法医人類学の調査の過程でとくに気をつけるべき点をひとつ紹介します。それは、部位を正確に同定することです。たとえば、親指の先の骨が2本あった場合、それが右手と左手の骨であったならば1人分の人骨ですが、両方とも右手であった場合、そこには2人分の人骨があるということになります。つまり、指先の骨でさえも右左の区別ができる必要があるわけです。法医人類学者は、すべての骨を短時間で正確に同定できるようにトレーニングを受けています。膨大な知識と経験に裏打ちされた法医人類学者の専門性が、さまざまな事件解決には必要不可欠なのです。

第2章

太って生き残る？
── 栄養の獲得と代謝

- **Q11** 「ヒトは進化して太りやすくなった」といわれていますが、本当ですか？ 32
- **Q12** 南太平洋にはイモばかり食べて暮らしている人々がいます。タンパク質不足にはならないのですか？ 35
- **Q13** アルコールに強い人と弱い人の違いはどこにありますか？ 38
- **Q14** 牛乳を飲むとお腹がゴロゴロするのはなぜですか？ 41
- **Q15** 北極圏に住む民族は、野菜を食べる機会がとても少ないと聞きますが、どのようにして健康を維持しているのでしょうか？ 44
- **Q16** 人類はいつ頃から肉食をはじめたのですか？ 肉食は人類の行動や進化に影響しましたか？ 47
- **Q17** 人類はいつ頃から火を使用するようになりましたか？ 火の使用は人類の進化にどのような影響をおよぼしたでしょうか？ 50
- **Q18** 大昔のヒトはどのようなものを食べていたのでしょうか？ また、それを調べる方法はありますか？ 53
- **Q19** わたしたち人類はいつ頃からどのようにして農業をはじめたのでしょうか？ 56

Q11. 「ヒトは進化して太りやすくなった」といわれていますが、本当ですか？

Chapter 2

みなさんのまわりには、食が細くて痩せている人や、大食いで太っている人がいると思います。よく食べるのに痩せている人、あまり食べないのに太っている人もいるかもしれません。太りやすさは人それぞれですが、「ヒトは進化して太りやすくなった」という仮説が唱えられ、研究されています。

かつては太りやすいほうが有利だった？

　仮説の真偽を検証する前に、その根拠を知っておきましょう。そもそも「太る」とはどういうことでしょうか。簡単にいえば、体を構成するさまざまな物質の中で、脂肪が多すぎる状態です。脂肪は、食物から摂取したエネルギーのうち、使われなかったもののほとんどを蓄える重要な物質です。

　ヒトが狩猟採集に頼っていた時代は、十分な食糧を確保できず飢餓におちいることも多くあったはずです。そんな生活の中でも、偶然たくさんの収穫に恵まれることもあったでしょう。そんなときに、運よく獲得したエネルギーを長期に体にため込めれば、その後飢餓が続いても生き残る可能性が高まります。したがって、脂肪をため込みやすい遺伝子（このような遺伝子を「倹約遺伝子」といいます）があれば、生存上有利に働いたはずです。倹約遺伝子は、自然選択によってヒトの集団全体に広がったでしょう。飽食の現代では、肥満は不健康な状態とみなされますが、満足に食料を得られないという条件下では、脂肪をため込むことは有効な生存戦略だったというわけです。

　以上のような、ヒトが進化の過程で倹約遺伝子を獲得し、脂肪をため込み太りやすくなったとする説（以下、「倹約遺伝子仮説」）は正しいのでしょうか。正しいかどうかを確かめる方法はあるのでしょうか。

BMI値を高めるSNPを特定!?

　太りやすさの個人差は、食事や運動といった生活習慣に加えて、遺伝情報の違いによっても生じます。太りやすさに影響する遺伝子を同定する大規模研究が実施され、BMI値と相関する一塩基多型（SNP）が多数発見されたのです❶（BMI値とは「体重（キログラム）」を「身長（メートル）の2乗

で割った数値で、これが25を超えると肥満とされます)。

ヒトが進化の過程で、いかにしてBMI値と相関するSNPを獲得したか、図1の単純なモデルで考えてみましょう。ヒトゲノム解析の結果、3か所でSNPが見つかったとします（それぞれSNP1〜3とします）。SNP1とSNP2の塩基には「GとA」という対立遺伝子があり、SNP3には「TとC」という対立遺伝子があります。また、SNP1はBMI値と相関し、その塩基がGであるヒトはBMI値が高い傾向があります。ここで、SNP1のGが進化的に後から出現したことがわかれば、ヒトがより太りやすく進化してきたという考えが支持されます。したがって、SNP1のGとAのどちらが祖先型かが重要です。それを確かめるには、ヒトに最も近縁なチンパンジーのゲノム情報が参考になります。たとえば、チンパンジーのゲノムの同じ位置の塩基がGであれば、祖先型がGである可能性が高くなります。この場合、SNP1をGからAに変化させ、ヒトは痩せるように進化してきたと結論できます。

犯人は別にいるかもしれない……

ただ、BMI値に影響しているのはSNP1ではない可能性があります。図2のように、「SNP1がGのときはSNP3がC」という組み合わせが、どのヒトのゲノムでも成立しているとします。この場合、見かけ上はSNP1のGがBMI値を高めていても、SNP3のCがBMI値増大の真犯人かもしれないのです。チンパンジーとの比較からSNP3のCが新しい対立遺伝子とわか

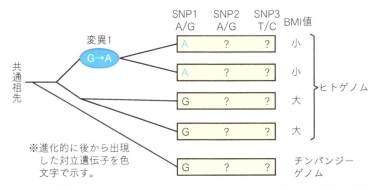

【図1　4種類のヒトのゲノム配列とチンパンジーのゲノム配列が、進化の過程で分岐する様子。分岐の途中でGからAへの突然変異が起きて、SNP1が生じた。新たに生じたAをもつヒトは、BMI値が小さい傾向がある。】

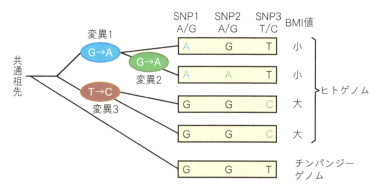

【図2　図1に、SNP1の近くにあるSNP2と3の情報を加えた。SNP1とBMIの関係は"見せかけ"で、本当はSNP3がBMI値と関係している。進化的に後から生じたSNP3のCをもつヒトは、BMI値が大きい傾向がある。】

れば、ヒトは進化の過程で太りやすい性質を得たとも考えられます。ヒトゲノムには、SNP1とSNP3のような関係のSNPの組み合わせが数多く存在します。そのため、あるSNPがBMI値と相関していても、そのSNPが本当にBMI値に影響しているとは限りません。ヒトが痩せるように進化したのか、太るように進化したのかを判断するのは簡単ではないのです。

残念ながら、BMI値と相関するSNPやそのSNPを含む遺伝子がどのようにBMI値に影響を与えているのか、ほとんどわかっていません❷❸。また、BMI値がヒトの太り具合を正確に反映しているわけではないことも問題です。たとえば、筋肉隆々のボディービルダーは、体重が重いのでBMI値も高いですが、太っているとはいえません。

結局、倹約遺伝子仮説の「エネルギーを節約して太りやすくすることで、ヒトの生存に役立っていた」という説明が正しいかは、結論が出ていないのです。これを確認するには、遺伝子やSNPの機能を明らかにすることや、脂肪の蓄積だけを正確に評価できる新たな技術を応用した研究が必要になるでしょう。「ヒトは太りやすく進化したか？」という問いに答えるには、さらなる科学技術の進歩を待たなければなりません。

❶ Wen, W., et al. (2012), *Nature Genetics*, **44**, 307–311.
❷ Speliotes, E.K., et al. (2010), *Nature Genetics*, **42**, 937–948.
❸ Monda, K.L. et al. (2013), *Nature Genetics*, **45**, 690–696.

Q12. 南太平洋にはイモばかり食べて暮らしている人々がいます。タンパク質不足にはならないのですか？

Chapter 2

サツマイモだけで筋肉ムキムキ！

　南太平洋のパプアニューギニア高地では、狩猟がほとんど実施されないこともあり、日常的に摂取する動物性タンパク質が非常に少ないことが知られています。パプアニューギニアの人々の主食はサツマイモで、多い地域だと摂取エネルギーの8割以上をサツマイモに依存しています。わたしたち日本人の常識からすると、タンパク質不足に陥りかねない食生活です。にもかかわらずパプアニューギニア高地には、タンパク質不足どころか、筋肉量が多く体格のよい人がおおぜいいます。彼らの筋肉の源はどこにあるのでしょうか。

　このことは、パプアニューギニアが植民地統治された1940年代からずっと不思議に思われていました。第二次世界大戦後間もない時期に、オーストラリア政府が中心となって実施した食事調査では、人々のタンパク質摂取量が、当時の栄養学で想定されていた必要量を下回ることが報告されました。その後、ほかの研究者によって実施された食事調査でも、パプアニューギニア高地の食生活ではタンパク質が不足することが確認されています。

謎の窒素源

　パプアニューギニア高地では、1960年代にオーメンをはじめとする研究者が、食物として人々の体に入る窒素量と、尿や糞便として体から排出される窒素量を測定する調査をおこないました。これは、生物のタンパク質栄養を評価するための調査で、窒素出納試験と呼ばれます。健康な成人では、体に入る窒素量と出ていく窒素量はだいたい同じであることがわかっています。また、盛んに筋肉が形成される成長期の子どもでは、窒素の摂取量より排泄量が少ないことがわかっています。

　パプアニューギニア高地の人々を対象にした調査では、窒素の摂取量より排泄量のほうが多いという不可解な結果が報告されました。調査実施時にたまたま人々がふだんよりも少ない量のタンパク質しか摂取しなかった可能性

もあり、結果の信頼性に疑問を呈する研究者もいますが、結果が正しかったとすれば、食事以外の窒素源の存在を考えなければなりません。その正体について、次の2つの仮説が唱えられました。

仮説1：窒素固定仮説

　食事以外の窒素源としてまず考えられたのは、腸の中に棲む細菌による窒素固定（生物が空気中の窒素を取り込んで、窒素化合物をつくること）です。この仮説を検討するため、オーストラリア人の研究者が、ニューギニアの人々の便の中に窒素固定能力をもつ細菌がいるかどうかを調べました。対象となったのは14人のニューギニア人で、ニューギニアのサンプルは窒素固定能力を有することが示唆されました。

　ところで、わたしたちの腸内には多種多様な腸内細菌が存在します。有名なコレラ菌、赤痢菌、ビフィズス菌などは酸素があっても生きられる細菌ですが、腸内細菌のほとんどは嫌気性の（無酸素環境でしか生育できない）細菌です。嫌気性細菌の培養は難しいため、上で紹介した研究では、何種類のどんな細菌が窒素固定をおこなっているかなど、具体的なことがわかりませんでした。ニューギニアの人々の腸内には窒素固定をする細菌がいるようだということはわかりましたが、それだけでは、この仮説が正しいことを証明する証拠にはなりません。

仮説2：尿素の再利用仮説

　もうひとつの仮説は、「尿素の再利用」を窒素源とするものです。尿素とは、体の中のタンパク質が体内で分解されてできる物質で、腎臓から尿へ、あるいは腸管から糞便へという排出の経路があります。ヒトは尿素を分解する酵素ウレアーゼをもたないので、基本的に尿素は便や尿と一緒に体外へ排出されます。しかし、腸内細菌の中にウレアーゼをもつものがあるため、腸内に排出された尿素の一部はアンモニアに分解され、腸管から再吸収されていることがわかっています。

　ウレアーゼが酵素として働くことによって、尿素はアンモニアと二酸化炭素に加水分解されます。腸内細菌の中にはアンモニアを栄養源として生きるものがあり、その働きによってアンモニアはアミノ酸に変換されます。ということは、パプアニューギニア高地の人々は、多くの尿素を腸管に排出し、

腸内にいる腸内細菌の働きによって再利用（体のタンパク質合成に利用）している可能性があるのです。このような腸内細菌の働きについては、現在も研究が進められているところです。

腸内細菌の謎

　どちらの説も、鍵を握るのは腸内細菌でした。しかし、先にも述べたとおり、腸内細菌の大部分が嫌気性のため培養が難しく、パプアニューギニア高地の人々が、タンパク質の不足する食生活でなぜ巨大な筋肉を発達させることができるのかを解明するにはいたっていません。腸内細菌についてはさまざまな謎が残されています。

　口から肛門までは一本の管（食道、胃、小腸、大腸などを含む消化管）になっているので、人間の体はちくわのような構造をしています。ということは、消化管の中は体の外側ということになります。ですから、消化管には毒物を体内に取り込まないような仕組みがそなわっています。腸内環境とは、わたしたちの体を取り巻く外部環境のひとつなのです。わたしたちの腸内では、今日もたくさんの腸内細菌が働いていて、そのおかげで健康であったり健康でなくなったりします。とても不思議な気がしませんか。

　近年の科学技術の発展により、ますます腸内細菌についての理解が進むと期待されています。すでに、腸内細菌のゲノム情報についてのデータベースはかなり充実してきました。それをもとに、腸内細菌はほかの環境中の細菌とどのような類縁関係をもつか、世界の人類集団ごとに腸内細菌にはどのような違いがあるか、などが調べられるようになっています。近いうちに、ここで紹介した仮説に関する興味深い報告が聞けるかもしれません。

---

[1] Hipsley, E.H., and Clements, F.W. (1950), *Report of New Guinea Nutrition Survey Expedition, 1947*, Canberra: Dept. of External Territories, Australia.
[2] Oomen, A.P.C., and Corden, M. (1969), Protein metabolism in New Guinean sweet potato-eaters, *Report*, Noumea: South Pacific Commission.
[3] Bergersen, F.J., and Hipsley, E.H. (1970), *J. Gen. Microbiol.*, **60**, 61-65.

Q13. アルコールに強い人と弱い人の違いはどこにありますか？

Chapter 2

　酒場の多い新宿や新橋は、毎晩のようにベロベロに酔っぱらった人でいっぱいです。このような光景は、欧米ではあまり見られないといいます。酔いやすさは人それぞれですが、日本人は欧米人にくらべるとお酒に弱い人が多いそうです。酔いやすい人と酔いにくい人、いったい何が違うのでしょうか。なぜ日本には、お酒に弱い人が多いのでしょうか。

2種類の酵素がカギ

　ヒトの体（おもに肝臓）には、摂取されたアルコールをせっせと分解してくれる2種類の酵素があります。アルコール脱水素酵素（ADH1B）とアセトアルデヒド脱水素酵素（ALDH2）です。図1のように、アルコールはおもにこの2つの酵素の働きにより、ほとんど無毒な酢酸に変えられます。

　お酒に酔いやすい人と酔いにくい人の違いには、これらの脱水素酵素の活

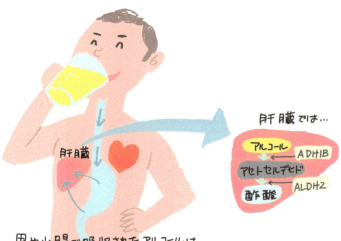

【図1　肝臓におけるアルコール分解。2種類の酵素（ADH1BとALDH2）の働きで、アルコールは無害な酢酸へと分解される。】

性の度合いが関係しています。脱水素酵素の活性の個人差は、各酵素をつくる遺伝子の違いによるものです。アルコール脱水素酵素は *ADH1B* 遺伝子、アセトアルデヒド脱水素酵素は *ALDH2* 遺伝子からつくられます。これらの遺伝子がある変異をもつと、脱水素酵素がうまく働かず、アルコールやアセトアルデヒドを分解できません。じつは、活性が著しく低い *ALDH2* 遺伝子をもつ人がいるのは、世界で東アジアだけ、とくに中国南部の地域に多いといわれています。つまり、この遺伝子変異は中国南部で発生し、その変異をもつヒトが日本列島に進出したことにより、現在の日本中に広がっていると考えられます。日本人が欧米人よりもお酒に弱い理由は、このような遺伝的要因で説明ができるのです。

人類進化上のアルコール分解のはじまり

　そもそも、わたしたちの体にはなぜアルコールやアセトアルデヒドの脱水素酵素がそなわっているのでしょうか。じつは、2つの脱水素酵素の遺伝子は、わたしたちの祖先が原猿類と分岐する以前から保存されてきました。つまり、人類が誕生する以前から脱水素酵素の遺伝子をもっていたのです。現在では、*ADH*遺伝子の仲間はナメクジウオのような脊椎動物の祖先までさかのぼることがわかっています[1]。ただし、現在のげっ歯類がもっている *ADH* 遺伝子は、必ずしもアルコール代謝にかかわるわけではなさそうです。それに対して、現生の霊長類の大半がもつ *ADH* 遺伝子は、おそらくアルコール分解能に寄与していると考えられています。ということは、霊長類の祖先では、すでにアルコールを分解できるようになっていたと推測されます。

　しかし、いつ頃からそのような機能がそなわったのかはわかっていません。また、それほど古い祖先がなぜアルコール分解能を必要としたのでしょうか。確証は得られていませんが、霊長類の祖先がアルコール分解能を獲得し、発酵した果物を食べられるようになったことで、新たなニッチを獲得したのではないか、という仮説も提唱されています[1]。

東アジアに広がった下戸の遺伝子

　お酒に弱い人の多くは、ADH1B ではなく ALDH2 の活性が低いことがわかっています。なかには、ALDH2 の活性がまったくない（非活性の）人もいます。このような人の場合、どんなにアルコールが分解できても、アセト

アルデヒドを分解できず蓄積してしまいます。じつは、アセトアルデヒドはアルコールよりも有害です。したがって、ALDH2 非活性の人は最もお酒に弱いタイプとなります。このタイプの人がお酒を飲むと、最悪の場合、急性アルコール中毒で命を落とす可能性もあります。

不思議なことに、不都合しかもたらさないように見えるこの形質は、淘汰されることなく、東アジアでは非常に高い頻度で維持されています❷❸。下戸の遺伝子は、どうしてこのような不思議な分布を示すのでしょうか。アルコールの摂取がそもそも生存に必須ではないと考えれば、偶然このような分布になったという見方もできます。あるいは、自然選択にもとづいた分布と考える、以下のような説明もできるかもしれません。

「お酒で消毒」も間違いじゃない？

ALDH2 の機能低下が、現代の飲酒文化の中では健康上（ときには生存をも脅かすほどの）不利になる可能性があることは、おわかりいただけたと思います。しかし、一見不利に見えるこの形質は、見方を変えると、もしかしたらプラスの側面を持っているかもしれません。そのような例はほかにも見つかっており、たとえば、鎌状赤血球貧血症とマラリアの関係がそれにあたります（Q04 参照）。

じつは、アセトアルデヒドは人体にだけではなく、血液に感染する病原体にも有毒です。このことから、ALDH2 の欠損には、ある種の病原体の感染を防ぐ効果があるのではないかと考えられています❷。ALDH2 の活性が低い人が飲酒すると、体内にアセトアルデヒドが蓄積します。その結果、気分が悪くなる一方で、血液中の高濃度のアセトアルデヒドが病原体を殺したり増殖を抑えたりするというメリットがあるというのです。お酒が好きな人のあいだで、よく「お酒で消毒する」という冗談を聞きますが、あながち間違いではないかもしれません。とはいえ、アセトアルデヒドの蓄積は食道がんや喉頭がんのリスクを高めるともいわれています。飲酒は"ほどほど"に。

❶ Oota, H., and Kidd, K.K. (2012), "Duplicated Gene Evolution of Primate Alcohol Dehydrogenase Family." In Hirai, H. *et al.* (eds.), *Post–Genome Biology of Primates*, Springer.
❷ Oota, H. *et al.* (2004), *Ann. Hum. Genet.*, **68**, 93-109.
❸ Han, Y. *et al.* (2007), *Am. J. Hum. Genet.*, **80**, 441-456.

Q14. 牛乳を飲むとお腹がゴロゴロするのはなぜですか？

Chapter 2

あなたのまわりに、牛乳を飲むとお腹がゴロゴロしてしまう人はいませんか。読者のみなさんの中にもたくさんいるはずです。誰しも、生まれたばかりのころはお母さんのおっぱいを飲んでいたのに、大人になると牛乳を飲めなくなってしまうのはなぜでしょうか。この素朴な疑問は、長らく人類学者の興味の対象となっています。

牛乳でお腹を下すメカニズム

哺乳動物の乳には乳糖（ラクトース）という成分が含まれますが、わたしたちの体はこれをそのまま吸収することができません。ただし、分解してグルコースとガラクトースに変えてしまえば、小腸で吸収可能です。ラクトースの分解にはラクターゼという酵素が必要です。もし小腸のラクターゼ量が不十分だと、分解されなかった大量のラクトースが大腸内に残ってしまいます。すると、腸内の浸透圧が変化し、体内の水分が腸管内に出てきてしまい排泄物が水っぽくなります。また、腸内細菌によってラクトースは有機酸や二酸化炭素に分解されることで、腸の刺激やガスの圧力により下痢が誘発されるのです。

大人になっても乳を飲むのは人間だけ

哺乳動物はその名のとおり、子どもの間は母親の乳を飲んで育ちますが、成長すると乳を飲まなくなり、ラクターゼも徐々につくられなくなります。ラクターゼはラクターゼ遺伝子が発現することでつくられますが、成長過程で発現調節され、大人になるとほとんどつくられません。哺乳類では、十分に成長した個体は乳を飲まなくなり、その後は自ら食べ物を探すようになります。このような成長をするようになったのは、母親が次の子を産むためにエネルギーを割くことができ、多くの子孫を残せるためだと考えられています。

しかしヒトにおいては、ラクターゼ遺伝子の発現が下がらず、牛乳を飲める（乳糖を分解できる）大人がいるのです。乳糖を分解できる性質を乳糖耐

性、分解できない性質を乳糖不耐性といいます。世界各地の乳糖耐性の人の割合は図1のとおりです。ヨーロッパやアフリカの一部では乳糖耐性の人の割合が95%にもなる地域があります。その地域から離れるに伴ってだんだん乳糖耐性の人の割合が下がり、日本では10%ほどです。❶

乳糖耐性の遺伝子

　乳糖耐性と乳糖不耐性は、遺伝子によって決定される形質です。ラクターゼ遺伝子の発現を調節する領域にはいくつかの一塩基多型（SNP）が見つかっており、このタイプによっては、大人になってもラクターゼ遺伝子の発現が持続されます。ヨーロッパやアフリカでは、乳糖耐性のSNPタイプを持っている人の割合が、ほかの地域の人よりも高いのです。

　乳糖耐性を引き起こすラクターゼ遺伝子のSNPはいくつか見つかっていますが、ヨーロッパとアフリカでは、それぞれ異なるSNPの頻度が高いことがわかっています。つまり、2つの地域の乳糖耐性は、別の起源をもつということです。これらの地域では遊牧や酪農が重要な生活手段になり、家畜の乳を栄養源にできることが生存上たいへん有利となったため、乳糖耐性のSNPタイプを持つ人の子孫が増えた、というのが現在の理解です。

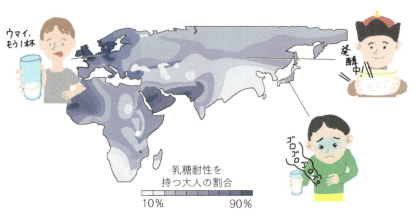

【図1　世界各地の乳糖耐性の大人の割合。アフリカやヨーロッパには非常に高い割合を示す地域がある。アジアは総じて低い。】

モンゴルの遊牧民族の乳糖耐性は２割未満！

　以上の仮説から、家畜の乳を飲む機会が多い遊牧民には、乳糖耐性を持つ人が多いと予想されます。しかし、モンゴルの遊牧民族では、乳糖耐性の人の割合は２割未満ということがわかりました。モンゴルの遊牧民族は、毎日お腹を下しているのでしょうか。それとも、なんらかの方法でラクトースを分解しているのでしょうか。

　彼らは、とくに夏の間、馬乳酒というウマの乳をお酒に加工した飲み物を主食のように飲んで暮らしています。飲む前に、細菌に乳を「発酵」させているのです。この過程で細菌がもつラクターゼによってラクトースが分解されているので、ラクターゼをもたないヒトが飲んでもお腹を下す心配はありません。このような食料を加工する文化の発展によって、彼らは自らの遺伝子による乳糖不耐性を克服したのです。馬乳酒は遺伝子による体質の差がつくりだした食文化なのかもしれませんね。

（撮影：板山　裕）

❶ Curry, A. (2013), *Nature*, **500**, 20–22.

Q15. 北極圏に住む民族は、野菜を食べる機会がとても少ないと聞きますが、どのようにして健康を維持しているのでしょうか？

発酵食品と生肉食

　野菜を食べる機会が少ないと、ビタミンや食物繊維、カリウムなどの栄養素をなかなか摂取できません。日照が十分でないために植物が育ちにくい北極圏に住む民族は、独自の食文化を進化させ、この問題に対処してきました。たとえばイヌイットの伝統料理である「キビヤック」という発酵食品や、生肉を加熱せずに食べる習慣は、肉からビタミン類を効率的に摂取するための方法だと考えられています。キビヤックは、ウミスズメ類の海鳥をアザラシのお腹の中に詰め込み、長期間地中に埋めて乳酸発酵させてつくります。この発酵の過程でビタミンCが生成されるのです。また、アザラシやクジラの肉を生のまま食べれば、ビタミン類を加熱により壊すことなく摂取できます。肉類のほかに、自生するコケモモやベリー類、キノコ類を採食し、野菜の代わりとしている地域もあるようです。

　しかし、現在は、北極圏に住む民族にも先進的な暮らしの影響がおよんでいて、昔ながらの食生活をしている人はほとんどいなくなったそうです。道路や商店などのインフラが整備されたことにより、北極圏でも比較的簡単に野菜を入手できるようになりました。また、サプリメントなどで不足しがちな栄養素を補うこともできます。

ヒトの健康とは？

　病気を避けて長生きをするためには、たしかに食事の量や栄養バランスが大切です。しかし、産業革命より前の時代は、その日一日を食いつなげるかどうかが問題で、現代のように80年の人生を生きるための食事を考える余裕はなかったはずです。いつまでも元気で長生きをすることが理想的であるという現代的な健康の概念にしばられずに、ヒトの食と健康について考えてみましょう。

長〜い目で見てみよう！

　2,000年前から現在、そして50年後までについて、日本列島に住む人口の推移を見てみましょう（図1）。江戸時代初期にかけて日本人口は急激に増えはじめ、明治維新以降幼児の死亡率が下がり、かつ長寿になったため人口はさらに急速に増加しました。そして今後は、日本人口はどんどん減少していくと考えられています。わたしたちはつい、このグラフの明治維新以降の時期だけを基準に物事を考えてしまいがちですが、このグラフ全体を視野に入れて考えると、見方は大きく違ってきます。

　産業革命以前、自給自足の生活を送っていた人々は、天候不順などにより、摂取するエネルギーに対して十分な食物生産ができないこともあったはずです。これがいわゆる飢餓という状態で、そうなると体重が減少し、免疫力が低下することで、死亡のリスクが高まったと予想されます。対照的に、現代社会では、機械化などによる食料生産技術の発達や物流の整備の恩恵で、わたしたちは十分量の食料を摂取できるようになりました。

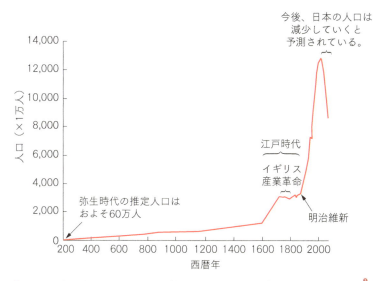

【図1　日本列島に住む人口の推移。1920年以前のデータは鬼頭（2000）、1920〜2010年のデータは平成22年国勢調査（2014）、2010年以降のデータは国立社会保障・人口問題研究所（2012）にもとづく。】

明治維新以降の暮らしを基準としてそれ以前のヒトの食生活を評価すると、「栄養素が足りない」とか「健康が維持できないのでは」と感じられるかもしれません。しかし、2,000年前、ひいてはホモ・サピエンスが生まれた20万年前から現代までを視野に入れてみてください。「子孫を残せる状態」や「絶滅しない状態」を保つことを「健康」と考えることもできるはずです。その観点からは、明治維新以前の食生活でも人類はずっと生き延びてきたのですから、健康に生きるための十分な栄養を得ていたといえます。

2人の子どもを育て上げれば任務完了⁉

　生物学的に考えると、再生産を終えれば個体としての役割を果たしたことになります。ヒトという個体群の個体数維持を目的とすれば、わたしたちはおよそ40年生きれば十分であるといえます。40年というのは、男女2人が子どもを何人か産んで、そのうちの2人が大人になるまでの時間です。これを繰り返していれば、個体数はほぼ維持されるはずです。

　おそらく人類の食事は長い間、各個体が40年間くらい生きるのに必要最低限の栄養素を摂れるような内容であったのでしょう。だとすると、「野菜をあまり食べないと不健康になる」とか、「肉食ばかりだと早死にしてしまう」といった考えかたは、現代的な感覚にとらわれたものかもしれません。過去20万年の人類の暮らしを考えれば、野菜をあまり食べられなくても、なんとか生きて子孫を残していけるのです。

　ヒトという生物について考えるとき、また今後の私たちの暮らしを考えるときに、人類の歴史をふりかえりながら、このような大きな視点をぜひみなさんにも大切にしてほしいと思います。

---

❶ 鬼頭（2000）,『人口から読む日本の歴史』, 講談社.
❷ 平成22年国勢調査（2014）, 最終報告書「日本の人口・世帯」統計表.
<http://www.e-stat.go.jp/SG1/estat/List.do?bid=000001053739&cycode=0>
❸ 国立社会保障・人口問題研究所（2012）, 日本の将来推計人口, 表1, 出生中位（死亡中位）推計. <http://www.ipss.go.jp/syoushika/tohkei/newest04/sh2401smm.html>

Q16. 人類はいつ頃から肉食をはじめたのですか？ 肉食は人類の行動や進化に影響しましたか？

Chapter 2

　牧畜という技術を身につける以前、人類が肉を得るには狩猟をおこなう必要がありました。足が速いわけでもなく、鋭い爪や牙ももたない人類にとって、狩猟は困難な課題だったはずです。狩猟を成功させるには、集団をつくり役割分担をしたり、武器をつくったりする必要があったでしょう。はたして、人類はいつ頃から肉食を定着させたのでしょうか。

最古の肉食の証拠

　約250万年前のアフリカのサバンナには、アウストラロピテクス属の一種であるアウストラロピテクス・ガルヒ（猿人）が暮らしていました。そのガルヒが石器で傷をつけたと考えられるレイヨウ（ウシ科の動物）の骨が見つかっています。これを肉食の証拠と考えるならば、最古の例といえます。この石器使用の痕跡が残る骨からは、ハイエナなどの噛み痕も見つかりました。当時の石器はレイヨウなどを捕獲する武器としては不十分なので、アウストラロピテクスは狩猟で肉を得ていたのではなく、肉食獣の食べ残しを食べていたのでしょう。また、その骨は螺旋状に割れており、これは、割れた時点で骨にコラーゲンが含まれていた証拠です。つまり、新鮮なうちに割れたということです。このことから、骨から骨髄を取り出して食べていた可能性が高いとされています。骨髄は、ほかの動物には利用できない、サバンナに残された数少ない未開発の資源でした。

　アウストラロピテクスにとって肉食がどの程度重要だったかはわかっていません。初期のアウストラロピテクスは植物食中心だったと推定されていますが、それは彼らの化石にみられる特徴を根拠にしています。すなわち、幅の広い腰と腰回りに向かって裾が開く胸郭です。この特徴は消化器官の容量が大きいことを示唆し、そのため、初期のアウストラロピテクスはチンパンジーと同じように下腹部が膨らんだ姿で復元されています（図1）。この下腹部の膨らみは、消化が難しい植物質を多く食べている動物に共通する特徴です。

肉食が脳の発達を促した!?

ここからは、肉食が人類の行動や進化に与えた影響について考えていきましょう。まずは、アウストラロピテクスより後に登場した、ホモ・ハビリスやホモ・エルガステルなどアフリカで進化した初期の原人に注目します。

初期の原人の生活痕からは、食べ残しと思われる動物の骨が発見されています。さらに、それらのちょうど腱の付着部に、石器による傷跡が多く見つかりました。ほかの動物の食べ残しの利用から、骨についた肉そのものを食べるようになり、口にする肉の量が増大したことが推定されます。肉食の増加と同時代に、脳容積の増大、

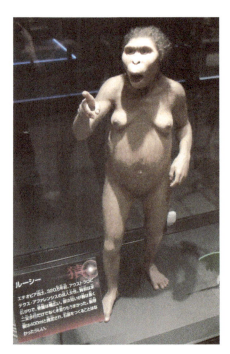

【図1　国立科学博物館に展示されているアウストラロピテクスの復元像（撮影：市石博）】

石器の発達、火の使用の証拠が見つかっていることから、これらの出来事にはつながりがあることが考えられます。

肉はすぐれた栄養源として、人類の進化、とくに脳容積の拡大に貢献したのではないか、という説があります。肉の特徴としてまず、セルロースが多い植物質よりも消化しやすい点があげられます。植物食では消化のために消費していたエネルギーを、肉食することで脳に回せるようになりました。また、肉はアミノ酸をバランスよく、かつ大量に含みます。アミノ酸は、神経の情報伝達に必要な物質（ドーパミンなど）はもちろんのこと、神経細胞の成長に重要なホルモンの原材料となります。植物がアミノ酸を含まないわけではありませんが、多くは特定の必須アミノ酸の含有量が少ない（たとえばコメはリジンが少ない）ことが知られています。もし植物食だけで肉から得られるのと同等のアミノ酸を獲得するとなると、大量に摂取するか、複数種類の植物（たとえばコメと大豆）をあわせて摂取しなければなりません。神

経細胞の成長や機能に必要なアミノ酸を多く含む肉を利用し、肉を骨から切り離す道具である石器が発達し、また同時期に火の使用が肉の消化を促進したことが、結果的に脳のさらなる巨大化につながった可能性があります。

また、肉食の頻度が高まっていたアフリカの原人と、まだ植物食の割合が大きかったアウストラロピテクスなどの猿人をくらべると、脳容量以外にも体に大きな違いが見つかります。原人は、背が高くなり、胸郭・骨盤が狭くなっていることから、消化器の容量が小さくなったことがわかります。原人の体型はより二足歩行に適したものであるため、原人はより高い移動能力を獲得したと考えられています。実際、原人はアフリカ大陸の外にも進出し、170万年前に西アジア、160万年前にインドネシア、140万年前にはスペインに達しました。

肉食のさらなる増加

さらに後の時代に出現したネアンデルタール人（旧人）の食生活については、より多くのことがわかっています。とくに、化石が比較的新しいので骨の窒素の安定同位体比を測定でき、その値からどんなものを食べていたか推測できるのです（安定同位体比と食物の関係についてはQ18を参照）。ネアンデルタール人は肉食動物より高い窒素同位体比をもつことがわかりました[1]。このことから、彼らが食物連鎖の上位に位置し、肉食を頻繁におこなっていたと推測できます。ネアンデルタール人の遺跡からはシカの仲間やマンモスなどの大型動物の骨が発見されているので、肉食が盛んだったことは間違いないでしょう。

クロマニヨン人の骨の中に、さらに窒素同位体比が高いものが多く見つかっています。これは、彼らが魚貝類を利用していたことを示唆します（Q18参照）。実際、同時期の遺跡から、サケを捕るために使われたと思われる骨角器も出土しました。人類の行動が進化するにつれ、肉食の頻度が増えるだけでなく、食べる肉の種類が多様になっていったのです。

[1] 米田（2005），2つの人類が出会ったとき．（赤沢威編著，『ネアンデルタール人の正体―彼らの「悩み」に迫る』，朝日新聞社，pp.113-139.）
● リチャード・ランガム，依田卓巳訳（2010），『火の賜物 ―ヒトは料理で進化した』，NTT出版．
● 河合信和（2009），『人類進化99の謎』，文藝春秋．

Q17. 人類はいつ頃から火を使用するようになりましたか？ 火の使用は人類の進化にどのような影響をおよぼしたでしょうか？

Chapter 2

　火を自らおこして利用するというのは人類特有の行動で、火の使用なくして、今日にいたる人類の進化と繁栄はありえなかったでしょう。したがって、人類がいつから火を使いはじめたかという問題は、人類学者にとって重要なテーマとなっています。しかし、その時期を示す確かな証拠は、今のところ見つかっていません。また、火の使用が人類進化におよぼした具体的な影響については、諸説ありますが定説といえるものはまだありません。

火の使用の証拠

　人類が火を使っていたことを示す"確実な"証拠を得るのは非常に難しいのですが、ある種の物的証拠は有力視されます。たとえば、地層の中から炭化した物質が見つかることがあり、これは明らかに火が起きた証拠です。ただし、落雷などによって自然発火した場合にも同様の痕跡が残るため、人類による火とは断言できません。より直接的な証拠として、火打石などの火をおこすための道具が見つかることもあります。出土した石を火打石と断定するのは難しいですが、石英やチャートなどが基準となると考えられています。また、土器は400℃まで熱しなければつくれない道具なので、出土すれば、火が使用されたという間接的な証拠となります。さらには、古人骨に残されたタンパク質を分析することで、熱処理されたものを食べていた証拠が見つかることもあります。以下では、人類による火の使用の証拠として有名な例をいくつか紹介しましょう。

原人はすでに火を使用していた！？

　ケニア北部のコービフォラ遺跡では、約150万年前の地層からホモ・エレクトス（原人）の骨が発掘されました。その骨と一緒に、400℃まで加熱されたと考えられる植物の珪酸体（植物の細胞内に珪素が蓄積したもの）を含む土が発見されています❶。山火事などの自然発火では400℃の高温には達しないことから、これはホモ・エレクトスによる火の使用の証拠と考えられています❷。また、ケニアのチェソワンジャでは、140万年前の土器のような

ものが出土しています。

　南アフリカのスワルトクランスでは、高温で焼かれたらしい約150万〜100万年前の動物の骨が見つかっています。同じ南アフリカのワンダーウェーク洞窟では、500℃前後で焼かれた植物の灰や骨片が発見されました。ともに出土した石器と地層の調査から、年代は約100万年前と推定されています。これは、原人が火を使用したことを示す、かなり確実な証拠です。

　イスラエル北部のゲシャー・ベノット・ヤーコブ遺跡では、79万〜69万年前の火の痕跡が見つかっています。加熱された麦、焼けた木片、そして火打石などが同時に出土したのです。これも原人が火を使用した確実な証拠といえそうです。

火を使った調理のメリット

　人類はさまざまな目的で火を使ってきました。たとえば、寒さから逃れたり、捕食者から身を守ったりするための重要な道具になったでしょう。なかでも最も頻繁に火を使ってきた場面といえば、おそらく"調理"でしょう。調理に火を使うメリットはいくつかあります。

　ひとつは、殺菌できることです。食べ物に火を通せば病原菌や寄生虫などを殺せるので、病気のリスクが格段に下がったと考えられます。火を使った調理は、栄養を摂取しやすくなるというメリットももたらしました。肉や植物は温めることで柔らかくなるため、より多くの量を食べやすくなります。また、植物のデンプンは、茹でることにより消化・吸収が容易になります。さらに、いちど火を通した肉などはいくらか保存が可能になるため、食料が入手できなかった場合でも食に困ることが少なくなったのです。

火の使用と脳の進化

　最後に、火の使用が人類進化に与えた影響について考えましょう。一部の研究者は、脳の進化に影響があったと考えています。火を使った調理が人類の体に変化をもたらし、それが脳の拡大のきっかけになったのではないか、とするものです。古い人類の頭骨の形状を比較してみましょう。

　約230万〜120万年前の東アフリカに生息していた猿人、パラントロプス・ボイセイの頭蓋骨の頭頂部には、現生のゴリラにもみられる矢状稜という隆起があります。このことは、ボイセイの大きく発達した側頭筋が、頭骨

の側頭部から頭頂部を広く覆っていたことを示唆します。側頭筋は咬筋などとともに咀嚼運動にかかわる筋肉なので、ボイセイは強力な咀嚼力をもっていたことでしょう。ボイセイが火を使っていたことを示唆する証拠はないので、硬い植物性の食物や根などを主食としていたと考えられています。

ボイセイとくらべるとホモ・エレクトスの矢状稜は小さく、咀嚼にかかわる筋肉が縮小していたようです。側頭筋や咬筋の量が減り、頭骨への付着面積が小さくなると、頭骨を圧迫する力も弱まります。その結果、原人は頭骨を大きくする進化が可能になったと考えられています。咀嚼筋の縮小をもたらしたのは、おそらく火の使用による食物の変化でしょう。火を通してやわらかくなった食物を噛み切るのに、巨大な咀嚼筋は必要なくなったのです。

また、火を使った調理によって栄養摂取効率が高まり、大きな脳の発育・維持が可能になりました。咀嚼筋の縮小と栄養摂取効率の向上という2つの要因が、原人以降の脳を拡大する進化を可能にしたと考えられています。これらの要因に共通してかかわるのが火の使用です。逆にいうと、火を使っていなかったとしたら、人類は大きな脳を獲得できなかったかもしれません。

脳の進化はまだまだ謎だらけ

人類における脳の進化の発端は、直立二足歩行を開始し、両手があいたことによります。器用な手でさまざまな対象物を操作できるようになり、重い頭を直立した脊柱の上にバランスよく載せられたので、それが脳の拡大の基盤になったと考えられます[5]。とはいえ、人類進化の過程で脳が拡大した理由については、直接的な証拠がほとんどないため、多くの仮定・想像を含む仮説しかありません。上で紹介した火食の関与も、脳の進化の一端を担った可能性がありますが、定説と呼ぶまでにはいたりません。本書では、ほかの仮説も紹介しているので、ぜひ比較してみてください（Q25参照）。

---

[1] リチャード・ランガム（2010），『火の賜物 —ヒトは料理で進化した』，エヌティティ出版．
[2] James, S. R. *et al.* (1989), *Curr. Anthropol.*, **30**, 1-26.
[3] Berna, F. *et al.* (2012), *Proc. Natl. Acad. Sci. U.S.A.*, **109**, E1215-E1220.
[4] Goren-Inbar, N. *et al.* (2004), *Science*, **304**, 725-727.
[5] 濱田穣（2007），『なぜヒトの脳だけが大きくなったのか —人類進化最大の謎に挑む』，講談社．

Q18. 大昔のヒトはどのようなものを食べていたのでしょうか？ また、それを調べる方法はありますか？

Chapter 2

現在地球上に暮らすヒトは雑食性で、集団ごとに食べているものが大きく異なります。たとえば、ニューギニア高地人はイモを大量に食べる一方で（Q12参照）、カナダ北部に住むイヌイットの伝統食はほとんどが動物質のものです（Q15参照）。これほど多様なものを食べる動物はほかにおらず、ヒトは生態学的に特異な種といえます。では、わたしたちの祖先は、どのようなものを食べてきたのでしょうか。

貝塚に残された遺物

大昔のヒトが食べていたものを調べる研究の一例として、かつての日本列島に住んでいた人々の食生活を復元する試みを紹介します。縄文時代以降の貝塚には、当時のヒトの食物を推定できる遺物が残されています。貝塚という名称の由来である貝殻は、ヒトが食べて捨てたものです。貝塚からは貝殻だけではなく、たとえば、イノシシやシカなどの哺乳類や鳥類・は虫類・両生類など、当時日本列島に棲んでいた主要な動物の骨が見つかります。当時のヒトがこれらの肉を食べていたと考えても問題はないでしょう。

ただし、貝塚から出てくるものが、大昔のヒトの食物の全体像を示すわけではありません。というのは、食べ残しが出ないようなものや、食べ残しがすでに分解されてしまったものもあるはずだからです。たとえば、イモのような植物は食べ残しは出なかったでしょうし、たとえ食べ残されて貝塚に捨てられたとしても、分解されてしまって残らなかったでしょう。

貝塚や低湿地からは、食べ残し以外の物的証拠も見つかります。それは、「糞石（ふんせき）」と呼ばれるヒトの糞の化石です。この中に含まれる種子や花粉や骨、寄生虫の卵などを得られれば、糞が排出される前の数日間の食べ物の一部がわかります。とはいえ、何をどれくらい食べていたかを知るには、これらの情報だけでは不十分です。なぜならば、季節的に利用できる食べ物をうまく組み合わせるのが、ヒトの食生活の特徴だからです。

人骨に残されたヒント——炭素と窒素の安定同位体比

人骨には、長期間の食生活の様子を知るヒントが残されています。ヒントになるのは、骨に含まれるコラーゲンというタンパク質の炭素や窒素の「安定同位体比」です。

少しややこしくなりますが、ここで安定同位体比の定義を説明します。まず、同位体というのは、陽子数が等しく中性子数が異なる元素のことです（したがって、質量数が異なります）。同位体の中には、時間とともに崩壊して別の元素に変化する放射性同位体と、変化しない安定同位体があります。炭素（元素記号はC）の場合、質量数が12と13の2種類の安定同位体（^{12}Cと^{13}C）があり、窒素（N）では質量数が14と15の安定同位体（^{14}Nと^{15}N）があります。安定同位体比とは、軽い安定同位体に対する重い安定同位体の量の割合のことです。おおざっぱには、「重い同位体が増加（または減少）→安定同位体比が増大（または減少）」という関係になります。

安定同位体どうしは、化学的性質には差がないものの、重さ（質量数）が異なるために環境中でのふるまいに小さな差が生じます。たとえば、動物が食べた物を体に取り込む（または排出する）際に、炭素や窒素の安定同位体比の動態は決まった傾向を示します。軽い同位体ほど代謝によって体外に排出されやすく、その結果、捕食者は被食者より"重い"安定同位体比をもつようになるのです。今では、さまざまな生物の炭素・窒素同位体比が測られ、データベース化されており、捕食者の持つ同位体比から、その生き物がどんなものを食べているかを推定することができるようになりました。

縄文時代以降の地域別食生活

さて、人骨からの食生活の推定に話を戻しましょう。次のページに2つの図を示します。どちらも縦軸に窒素同位体比、横軸に炭素同位体比をとったものです。図1は、縄文時代に日本列島で得られたと考えられている代表的な食料資源の同位体比データです。海生哺乳類と海生魚類、海生貝類、淡水魚、草食動物、C_3植物、C_4植物といったグループごとに、グラフ上である範囲の中に収まっていることがわかります。図2の各プロットは、日本各地で発見された縄文時代後期の人骨の（コラーゲンの）同位体比データです。図1で得られた各食物の同位体比の範囲も示しました（黒線で囲ま

れた部分)。人骨の同位体データも、地域ごとにある範囲に収まっています。

図2を詳しく見ていきましょう。北海道の集団は、炭素も窒素も高い同位体比を示しています。食料資源の同位体比とくらべると、海生哺乳類と海生魚類の間に分布しています。遺跡からそれらの骨が出土しているので、当時の北海道にいたヒトが海生哺乳類や海生魚類を主食としていたことは間違いないでしょう。沖縄の集団は、炭素同位体比は比較的高いものの、窒素同位体比は北海道ほど高くありませんでした。これは、海岸周辺の貝類や小魚を利用していたことを示唆しています。本州の集団の多くは、C_3植物と海生魚類の間に位置するので、陸上の食料と海の食料を組み合わせていたようです。

ただし、人骨から得られる安定同位体比による食物の推定はまだまだ発展途上の手法で、おおまかな結果しか得られていません。より詳細な推定をおこなうには、やはり先に述べた人骨以外の遺物(食べた動物の骨や糞石など)の情報が不可欠です。

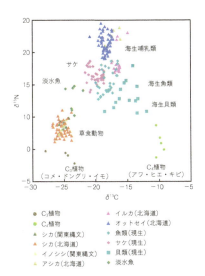

【図1　縄文時代に日本列島で得られた代表的な食料資源の炭素・窒素同位体比。】

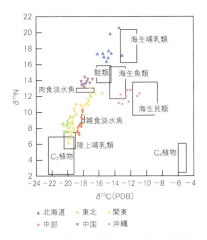

【図2　日本各地で発見された縄文時代後期の人骨の炭素・窒素同位体比。】

❶湯本貴和ら編(2011),『環境史をとらえる技法』,文一総合出版.

Q19. わたしたち人類はいつ頃からどのようにして農業をはじめたのでしょうか？

Chapter 2

　世界の農業はいくつかの地域では同時に、またほかの地域では少し遅れて誕生したことが知られています。初期の農業は、それぞれの土地に野生下で生えている植物を利用して発展しました。人類は、野生の植物から偶然有益な性質をもつものを選抜して、現在の栽培農業にいたる文化を生みだしたと考えられます。各地の農耕文化の起源をさかのぼりながら、設問の答えを探していくことにしましょう。

根菜農耕文化

　まず、東南アジアやニューギニアなどを中心に発展した根菜農耕文化についてみていきましょう。これは、おもにヤムイモやタロイモといった根菜類を利用する文化です。

　ヤムイモは蔓になる多年生植物です。ヤムイモというグループに含まれる種は多く、太平洋上カロリン諸島のポーンペイ島だけで、200種が栽培されています。日本でも、その一種である自然薯や長芋などが栽培されています。ヤムイモは自然状態で倍数体（染色体数が親の複数倍になったもの）が生じます。倍数体になることで、親植物と違う性質を獲得するものもあります。ヒトは観察眼にもとづいて、それらの中から根が球形で掘りやすい、味がよい、毒性がないなどの有益な特徴を持ったものを選抜していったのです。

　タロイモはサトイモ科の多年草です。2変種があって、そのひとつが日本でもなじみの深いサトイモです。もう一種はタロといい、オセアニアを中心に分布しています。

サバンナ農耕文化

　次に、アフリカやインドで発展したサバンナ農耕文化を取り上げましょう。この文化圏の人々は、野生のイネ科の実を利用しています。作物の代表例はイネ科オヒシバ属のシコクビエ（図1）やモロコシなどです。

　この文化の特色として、雨期を利用して夏作物を栽培すること、高温に適

応した作物群を利用すること、秋の短日下で開花する作物を利用することなどがあげられます。また、1年生植物を利用しているので、翌年には種まきと雑草の除去をおこなう必要があったはずです。そのような作業が、栽培型の農作業の起源のひとつになったのではないか、という推論もあります。

地中海農耕文化

西アジアの豊かな草原では、採集が生活の中心だったヒトが旧石器時代終末期には定住をはじめました。この地域は地中海性気候で、冬は雨が多く暖かで、夏は乾燥して高温になる土地でした。この草原には現在でも一年生野生イネ科植物のムギ類が生えていますが、ヒトがやってきた当時、コムギ、オオムギの原種が存在していたと考えられています。

【図1 シコクビエ（Mary Evans/PPS通信社）】

定住したヒトは、野生のムギ類の採取と狩りをして暮らしはじめました。彼らは火を使用したので、灰を捨てました。また、窒素分の多い排泄物も周辺に捨てたはずです。こういった活動が生活地域の土壌条件を変化させたでしょう。その後、そこには新たな土壌環境に適応した植物群が生じました。この植物群にはいくつかの野生ムギ類が入り込み、他種の花粉がお互いに付着することで、異種のゲノムの混じった突然変異体が生まれました。結果的に意図せぬ品種改良がおこなわれ、たくさんの実をつける有用なムギを得ることになったのです。現在では栽培種と位置づけられているパンコムギなどは、このようにしてつくられたと考えられています。

野生のムギ類の多くは脱粒性なので、実生は成熟すると発芽のために地面に落ちてしまいます。現在あるような、穂に残ったまま実生が成熟しやすい変種、非脱粒性のムギは2,000年程度の時間をかけて徐々に増えてきたようです。その結果、ヒトは成熟した実生を効率よく収穫できるようになりました。採集から農耕に大規模移行したのは、遺跡の証拠からは1万1000年前

頃と考えられています。

最古の農耕文化

　これらの農耕文化のうち最も古いのは、中尾（1966）❶は1万5,000〜1万年前に起源をもつ根菜農耕文化と考えました。根菜農耕文化では、種子繁殖する作物は利用せず、農具といえば握り棒だけでクワすらありません。その作物であるヤムイモなども多くの品種に分かれており、このことは、時間をかけて選抜されてきたと考える有力な根拠になります。ただし、イモ類は化石になりにくいため、物的な証拠が残りにくいので、根菜農耕文化の起源年代を証明するのが難しい状況です。1970年代初頭、ニューギニア島高地のワーギ渓谷のクック湿地で網目状の排水路が発掘されました。この遺跡を年代測定や花粉分析、プラントオパールという植物の微化石の分析などで調べたところ、1万年前頃から農耕が開始され、バナナの仲間やタロイモなどがつくられてきたことがわかりました。

　サバンナ農耕文化は、アフリカ起源のものは5,000年ほど前にはじまったと考えられています。一方、中国でより古くからイネの栽培がはじまっていたことを示唆する証拠が得られ、近年話題になっています。どうやら最初にイネが栽培化されたのは長江流域で、およそ9,000年前にはイネ栽培が確立されていたらしいのです。このことを明らかにしたのは、プラントオパールの分析や水田遺構の存在でした。

　地中海農耕文化のところで触れたように、ムギの栽培のはじまりは、遺跡の証拠から現在のところ最古の1万1,000年前頃と考えられています。遺跡の発掘や分析手法の発展に伴って、農業の起源についての新たな見解が今後得られるかもしれません。

●❶中尾佐助（1966）,『栽培植物と農耕の起源』, 岩波書店.
●星川清親（1987）,『改訂増補　栽培植物の起源と伝播』, 二宮書店.
●ピーター・ベルウッド, 長田俊樹, 佐藤洋一郎訳（2008）,『農耕起源の人類史』, 京都大学学術出版会.
●大塚柳太郎（2015）,『ヒトはこうして増えてきた　—20万年の人口変遷史』, 新潮社.

裏切り者は許さない?

―― 感覚、知能、そして行動

Q20	ヒトとほかの動物の視覚機能に違いはありますか?	60
Q21	ヒトとサルで色の見えかたに違いはありますか?	63
Q22	たくさんの色を見分けられるほうが、生きるうえで有利なのでしょうか?	65
Q23	ヒトはさまざまな食物を口にしますが、味覚の多様性に特徴はありますか?	68
Q24	ヒトの感覚には、進化の過程で弱まったものがありますか?	71
Q25	ヒトの脳はなぜ大きくなったのですか?	74
Q26	ヒトとサルのこころの働きには違いがありますか?	77
Q27	ヒトには喜怒哀楽がありますが、ほかの霊長類ではどうでしょうか?	80
Q28	ヒト以外の霊長類も、顔色をみて相手の機嫌をうかがったりするのでしょうか?	82
Q29	ほかの霊長類にはなく、ヒトに独特な感情はありますか?	85
Q30	ヒトはなぜメイク(化粧)をするようになったのでしょうか?口紅にはどんな意味がありますか?	88
Q31	ヒト以外に、道具を作成して利用する霊長類はいますか?	91

Q20. ヒトとほかの動物の視覚機能に違いはありますか？

Chapter 3

　生物は進化の過程でさまざまな機能を獲得し、変化させてきました。その中でも、視覚、嗅覚、聴覚などの感覚機能の発達は、食物の発見効率や外敵の存在の察知力を高め、生存に有利に働きます。どの感覚がどれほど発達しているかは、動物ごとにさまざまです。

　ヒトは霊長類であり、哺乳類であり、脊椎動物です。それぞれの長い歴史の中で、環境や生活の変化に伴って視覚機能の変化が起こったと考えられます。ヒトとほかの動物との視覚機能を比較するうえで、視覚のしくみを理解しておくことは重要です。わたしたちが何かを「見る」とき、無意識のうちに目や脳では複雑な現象が生じています。脊椎動物が共通してもつ仕組みや、霊長類としての特徴を理解し、そのうえでヒトの視覚の特徴を学んでいきましょう。

脊椎動物の光受容のしくみ

　脊椎動物の網膜には、光を検知するセンサー、すなわち光受容細胞（視細胞）がいくつもあります。視細胞は桿体と錐体の2種類に分類されます。桿体細胞は弱い光を検知するのが得意で、暗い場所での視覚を担っています。一方、錐体細胞は強い光に対するセンサーで、色の識別に活躍します。

　さらに細かくみると、桿体や錐体がセンサーとして働くのは、各細胞の膜にたくさん存在する視物質のおかげです。視物質は、オプシンというタンパク質とレチナールという分子で構成されます。オプシンは、αヘリックスというらせん構造が膜を7回貫通した形状をしています。レチナールは7つのヘリックスに囲まれた空間に位置し、ヘリックスの1つに結合しています（図1）。では、視物質に光が当たると何が起こるのでしょうか。

　じつは、オプシンだけに光を当てても何も起こりません。一方、レチナールに近紫外線を当てると、分子構造に変化が生じます。オプシンとレチナールからなる視物質に光を当てると、オプシンの種類によってレチナールの構造変化を起こす光の波長域が変わり、さまざまな可視光でレチナールの構造変化を引き起こすことができるようになります。光によってレチナールの分

子構造が変化すると、オプシンの構造にも変化が生じます。すると、さまざまな変化が細胞内に起こって、最終的に細胞の内外に大きな電位変化が起きます。それが神経刺激となり、視神経を通じて脳に伝達されます。視物質に光が当たってから脳に刺激が伝えられるまでが、一瞬で起きます。

錐体オプシンと色覚

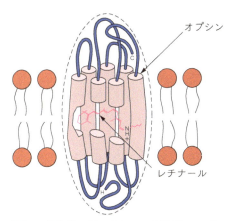

【図1　視細胞の膜に存在する視物質。オプシンとレチナールで構成される。オプシンは、細胞膜を7回貫通するαヘリックス構造で、レチナールはそれに囲まれた空間にある。】

　錐体細胞が色センサーとして働くと述べましたが、光の色（波長）を区別できるのは錐体細胞のオプシン（錐体オプシン）のおかげです。脊椎動物の錐体オプシンは4種類あることがわかっており、それぞれ反応する光の波長域が異なります。錐体オプシンを何種類もつか、またどの種類の錐体オプシンをもつかは、動物によって異なります。

　ヒトは3種類の錐体オプシンをもち、それぞれ青、緑、赤色の光に反応するセンサーとして働きます。各センサーからのアウトプットの比率が、脳で認識する「色」になります。たとえば青い光が網膜に届くと、青の視物質（青オプシン・レチナール）をもった細胞が強く興奮し、緑や赤の視物質をもった細胞はわずかにしか興奮しません。黄色の光が網膜に届くと、赤と緑に対応する細胞が同程度興奮して、青に対応する細胞は弱く興奮し、脳では黄色と感知します。つまり、センサーの種類が多いほど組み合わせによって再現できる色の種類が増え、たくさんの色を見分けられるということです。

動物の色覚タイプ（4色型、2色型、3色型）

　多くの脊椎動物は4種類の錐体オプシン（M/L、Rh2、S2、S1）をもつため、4色型色覚です。例外は哺乳類で、そのほとんどが2種類の錐体オプシンをもつ2色型色覚です。哺乳類の共通祖先は夜行性で色覚が役に立たず、2つの錐体オプシン（Rh2とS2）を失ったと考えられています。

上で「ヒトは3種類のオプシンをもつ」と述べました。じつは、多くの哺乳類がM/L（赤緑タイプ）とS1（紫外線タイプ）という錐体オプシンをもつ2色型色覚であるのに対し、霊長類だけは例外で、3色型色覚をもちます。過去の研究で、霊長類は遺伝子重複あるいは対立遺伝子多型によってM/Lオプシンを分化させ、2種類のM/Lオプシンをもつようになったことがわかりました❶。一方、紫外線タイプのS1は青に感受性をシフトさせました。これによって、2つのM/LオプシンとS1オプシンをもつ、3色型色覚という高次色覚を再獲得したのです。

霊長類の立体視と高解像度

　霊長類の視覚の特徴は3色型色覚だけではありません。前方を向いた眼球による3次元空間視（立体視）と、網膜中心部の高解像度の2点も特徴として挙げられます。それぞれにどのような利点があるのでしょうか。

　シカやウマは左右の眼球が横に向いているので、広い範囲を見ることができますが、立体的にとらえることは苦手です。一方で、ヒトやサルは眼球が前方を向いているので、見える範囲は狭いですが、立体視ができます。この違いを生活環境に関連させて考えてみましょう。シカやウマなど草原性の大型草食哺乳類は、捕食者から逃げるために、立体視ができることより、広い視野をもつことのほうがメリットは大きいでしょう。一方霊長類は、森林で枝から枝に飛び移って移動するため、距離の把握が必須です。したがって、広い視野をもつよりも、立体視ができるほうがメリットは大きいと考えられます。

　網膜中心部の高解像度という特徴は、観察対象の輪郭をとらえるうえで有利にはたらくと考えられています。これらの特徴はいずれも、樹上生活への適応として獲得されたと考えられています。さらに、ヒトは眼球が眼窩後壁に囲まれ、噛むときの咀嚼筋の動きによる振動から眼球が守られているので、像のブレを防ぐことができます。3色型色覚をもつ霊長類は、ほかの哺乳類よりも高画質な映像を見ているといえそうです。

❶ Kawamura, S., *et al.* (2012), Chapter 7：Polymorphic Color Vision in Primates：Evolutionary Considerations. In Hirai, H. *et al.* (eds.), *Post-Genome Biology of Primates*, Springer, pp.93-120.

Q21. ヒトとサルで色の見えかたに違いはありますか？

Chapter 3

　Q20では、「多くの哺乳類がS1とM/Lの2種類のオプシンをもつこと」と「霊長類がM/Lオプシンを分化させ、2種類のM/Lオプシンをもつようになったこと」を説明しました。「哺乳類は2色型色覚で、霊長類だけが3色型色覚」という構図でした。しかし、2色型色覚の霊長類もいることがわかっています。じつは、M/Lオプシンの分化はすべての霊長類で同じように起きたわけではありません。ここでは、霊長類をもう少し細かいグループに分けて、それぞれの色覚進化の道筋をたどってみましょう。

狭鼻猿類と広鼻猿類

　ひとくちに霊長類といっても、さまざまなグループを含みます。大きな分類として「直鼻猿類（ちょくびえんるい）」と「曲鼻猿類（きょくびえんるい）」があります。さらに直鼻猿類は「狭鼻猿類（きょうびえんるい）」と「広鼻猿類（こうびえんるい）」と「メガネザル類」に分けられます。

　狭鼻猿類は左右の鼻孔が接近して下を向いているサルの仲間で、おもにユーラシアとアフリカに生息します。このグループに含まれるのはヒト、チンパンジー、ニホンザル、テングザルなどです（図1）。また、ヒトとチンパンジーなどの類人猿を除いた狭鼻猿類を「旧世界ザル」と呼ぶ場合があります。

　一方で、広鼻猿類は左右の鼻孔が広く離れているサルの仲間で、オマキザル、マーモセット、ホエザル、クモザル、ティティなどです（図2）。彼らは中南米に生息し、旧世界ザルとの対比で「新世界ザル」とも呼ばれています。

2通りのオプシン分化

　霊長類が2つめのM/Lオプシンを獲得した進化には、遺伝子重複と対立遺伝子多型の2通りの道筋があったことがわかっています（Q20参照）。さらに、各グループの色覚の遺伝子調査によって、各系統でどちらの分化が起きたのかまで明らかになりました。遺伝子重複によって3色型色覚を得たのは、狭鼻猿類と広鼻猿類のホエザルです。狭鼻猿類は、L（赤）オプシン

遺伝子とM（緑）オプシン遺伝子をX染色体上に縦列させています。基本的にすべての個体が3色型色覚をもつため、狭鼻猿類の色覚は「恒常的3色型色覚」と呼ばれます。一方、広鼻猿類の大部分と曲鼻猿類であるキツネザル類の一部は、対立遺伝子多型により3色型色覚を得ました。そのため、これらの集団の中には、2色型色覚の個体と3色型色覚の個体が混在します。したがって、「多型的3色型色覚」と呼ばれます。

　つまり、狭鼻猿類は基本的にすべての個体が3色型で、ヒトだけが3色型と2色型の多型色覚、広鼻猿類は基本的に3色型と2色型の多型色覚です。では、ヒトや広鼻猿類のように、集団内に3色型と2色型の色覚の個体が混在することには、何か有利な点があるのでしょうか。この疑問については、次のQ22で考えていきましょう。

【図1　ニホンザル。左右の鼻孔が近く、下を向いている狭鼻猿類。（alamy/PPS通信社）】

【図2　オマキザル。左右の鼻孔が離れている広鼻猿類。（Rob Crandall/PPS通信社）】

Q22. たくさんの色を見分けられるほうが、生きるうえで有利なのでしょうか？

Chapter 3

　そもそも色覚が役に立つのは、どのような環境で活動をしているときでしょうか。脊椎動物の色覚の進化から、ヒトの色覚について考えてみましょう。

ヒトが3色型色覚となったのはなぜ？

　初期の脊椎動物たちは海の浅瀬に生息していました。浅瀬は、水面の揺らぎによって光の強さが絶えず不規則に変化する環境で、色覚に強い自然選択がかかると考えられます。地球上のさまざまな環境の中でも、最も色覚が進化しやすく、その結果、多様な色覚が生まれやすい場所とされています。そんな環境に棲んでいた初期の脊椎動物が4種類の錐体オプシン（S1：紫外線タイプ、S2：青タイプ、R2：緑タイプ、M/L：赤緑タイプ）を獲得し、4色型色覚を獲得したと考えられています。

　中生代には、爬虫類の一部が進化して有袋類、有胎盤哺乳類が出現しました。この時代、哺乳類の祖先はネズミのような姿で夜行性の生活を送っていたようです。強い光のない夜の世界では4色型の色覚は必要なくなったのか、S2とR2のオプシンを失い2色型色覚となりました。

　やがて恐竜が絶滅し、哺乳類は全盛期を迎えます。森林では人類の祖先である霊長類が生まれ、樹上生活をはじめました。森林は葉の揺らぎがあるので、浅瀬と同様に光の状態がつねに不規則に変化する環境です。したがって森林では、より多くの波長の光を区別できる色覚をもつ個体ほど生存に有利です。そこで、一部の霊長類のM/Lオプシンが、遺伝子重複や対立遺伝子多型により2種類に分化し、赤タイプや緑タイプといったバリエーションが生まれました（Q21参照）。以上が、ヒトが受け継いだ3色型色覚の誕生プロセスです。

ヒトは例外的な色覚多型

　遺伝子重複によって恒常的3色型色覚を得た狭鼻猿類の中で、ヒトは次の点において例外的です。ヒトの集団には男性の約3〜8％に3色型色覚だけでなく、2色型色覚（いわゆる赤緑色盲）や変異3色型色覚（いわゆる赤

緑色弱）といったバリエーションがみられます。こういった色覚型の人は赤から緑の色調を見分けにくいため、「色覚異常」と表現されることがありますが、「異常」という表現は不適切と考えます。同様な 2 色型色覚は霊長類以外の哺乳類では一般的ですが、彼らは異常ではありません。また、新世界ザルでは 2 色型色覚や変異 3 色型色覚は通常の 3 色型色覚とともにごく一般的にみられます。

2 色型や変異 3 色型のヒトはさまざまな場面で不利だと思われがちですが、そうとも言い切れません。男性の 3〜8％という高い頻度で存在していることから、こういった色覚型を排除する強い選択圧はかかってこなかったと考えられます。それどころか、色覚に多様性があることで集団として有利な面がある、とも考えられます。少なくともヒトにおいて、2 色型や変異 3 色型の個体が 3 色型の個体よりも生存上不利とは限らないようです。

3 色型と 2 色型の見えかたの違い

ところで、赤・青・緑を見分けられる 3 色型色覚と赤・青を見分けられる 2 色型色覚とでは、ものの見えかたはどう違うのでしょうか。重要なのは、この見えかたの違いが生存に影響をおよぼすかどうかです。

森林で赤い果実を探すことを考えてみましょう。3 色型色覚をもっていれば、色のコントラストで緑色の葉の中にある赤色の果実がよく見えます。一方、2 色型の場合は、緑と赤を見分けるのは苦手ですが、明るさのコントラストを手がかりに、葉と果実を見分けることができます。もちろん、果実の色は赤とは限らず、たとえば緑の果実を探す場合、3 色型と 2 色型では見えかたに大きな違いはないでしょう。霊長類は昆虫もよく口にしますが、昆虫を探す場合はどうでしょうか。森林に棲息する昆虫の多くは、周囲の木や葉によく似た体色をもちます。3 色型色覚の個体は、こうした獲物を見つけるのは苦手ですが、2 色型の個体は明るさのコントラストによって、容易に昆虫を探し出すことができます（図 1）。

結局、どちらが有利なのか？

東京大学・河村正二教授の研究グループは、2 色型と 3 色型の個体が混在する広鼻猿類の野生集団を観察し、色覚の違いが採食行動の違いとして表れるかを調べました。色覚に有利・不利が存在するならば、採食効率に大きな

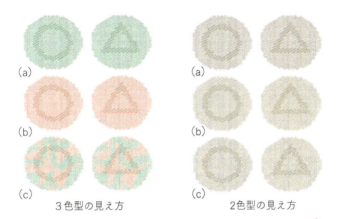

【図1　3色型の見えかた（左）と2色型の見えかた（右）の比較。(c)を見ると、3色型では図形中のシンボルが見えにくいことがわかる。この比較から、3色型色覚は明度視の邪魔をする、といえる。】

差がみえてくるはずです。

　まず、サルは果実採食において、色覚だけでなく、嗅覚や触覚なども総動員して判断していることがわかりました。そのため、果実採食の能力において、2色型の個体と3色型の個体で大きな差はなさそうです。また、昆虫採食においては、3色型より2色型のほうが時間あたりの摂食量が多いと報告されています。これらのことから、条件によっては、2色型の個体は3色型の個体に匹敵する採食能力をもつことがわかりました。少なくとも、採食行動において2色型の個体が不利、と考える積極的な証拠はありません。

　上で述べたとおり、2色型色覚も3色型色覚も採食行動において得意・不得意がありました。集団の中に3色型の個体と2色型の個体が共存すれば、おたがいに欠点を補い合って採食をおこなえると想像できます。よって、色覚の多様性があることで集団として利益があるため、高い頻度で色覚多型が維持されるのではないか、と考えられています。

❶ Kawamura, S., *et al.*（2012）, Chapter 7 : Polymorphic Color Vision in Primates : Evolutionary Considerations. In Hirai, H. *et al.* (eds.), *Post-Genome Biology of Primates*, Springer, pp.93-120.
❷ Saito, A., *et al.*（2005）, *Am. J. Primatol*, **67**, 425-436.

Q23. ヒトはさまざまな食物を口にしますが、味覚の多様性に特徴はありますか？

わたしたちヒトが感じている「味」は、甘味（sweet）、苦味（bitter）、酸味（sour）、塩味（salty）、うま味（umami）に分類できます。「うまみ」という言葉は日本語ですが、そのまま英語でも使われています。5つの味を感じられるのは、ヒトに5種類の味覚受容体がそなわっているからです。しかし、味の感じかたには民族ごと、あるいは個体ごとに違いがあります。ヒトの味覚の多様性には、どのような特徴があるのでしょうか。

塩基配列からわかる自然選択圧の有無

形質が多様であるということは、それを生みだす遺伝子の塩基配列が多様であるということです。つまり、形質の多様性の原因を考えるには、遺伝子の多様性がどのように生まれるかを考えればよいことになります。

遺伝子の塩基配列は、たくさんのアミノ酸の中からどれを使うかを指定する暗号、と考えられます。生物一般で、全64種類のコドンと20種類のアミノ酸との対応が判明しています。その対応を示す表を「遺伝暗号表」といいます（付録A参照）。

遺伝暗号表を見ながら、コドンの中の1つの塩基に突然変異が生じたとき、指定されるアミノ酸にはどんな違いが生じるかを考えてみましょう。コドンの第1塩基が別の塩基に置き換わると、指定するアミノ酸が変わってしまうことが多いです。第2塩基が変化すると、指定するアミノ酸は必ず変わります。一方で、第3塩基が変化しても、指定するアミノ酸は変わらないことが多いです。このことから、あるコドンの塩基配列を個体間で比較したとき、第1や第2の塩基の多様性は低く、第3塩基の多様性が高いと考えられます。なぜなら、突然変異によって第1や第2の塩基が変わった場合、そのコドンの指定するアミノ酸が変わってしまうことが多いので、さまざまな不都合が起こり、長い目で見たときそれを持った個体は生存や繁殖で不利になる可能性が高いからです。結果的に、そのような突然変異の多くは自然選択によって集団中から取り除かれることになるのです。一方、第3塩基に突然変異が起きても、個体の生存への悪影響は少ないでしょうから、

自然選択を受けずに集団中に蓄積していきます。

　以上を整理すると、遺伝子の塩基配列の多様性から自然選択圧の有無を推測できます。もし、第1や第2塩基の多様性が高いコドンがあったとしたら、アミノ酸を変えるような突然変異が起きても淘汰されなかったということです。この場合、そのコドンの塩基の突然変異には選択圧があまりかかっていない、「選択圧が緩んだ」状態である可能性が考えられます。

苦味受容体に関する遺伝子の多様性

　ここからは、苦味受容体に関する研究を紹介します。ヒトの苦味受容体をつくる遺伝子の塩基配列を調べると、コドンの第3塩基と同じくらい第1や第2塩基の多様性が高い状態であることがわかりました。この結果から、どんなことが考えられるでしょうか。

　苦味を感じることは、毒物に気づくという点において重要な役割を果たしています。「苦い」と感じれば、それを飲み込む前に吐き出せるからです。しかしほかの動物と違って、ヒトは味覚以外にも、調理などによって毒から身を守る術を獲得しました。そのため、苦味受容体の本来の役目（毒物の検出）が損なわれたとしても、生存の有利不利に大きく影響しなかった可能性があります。その結果、自然選択圧が緩んで、第1や第2塩基の多様性が高くなった、という仮説が2004年に発表されました。

　この仮説が正しいとすれば、苦味受容体の遺伝子の塩基配列に選択圧の緩みが見られるのは、ヒトだけに限られるはずです。そこで、チンパンジーの場合はどうなのか調べられました。ヒトとは違い、苦味受容体遺伝子の塩基配列には第1や第2塩基の多様性が第3塩基の多様性より低いパターンが見られるはずだという予測のもと、2011年に京都大学のグループがチンパンジーのDNAを調べました。すると予想に反し、ヒトと同様のパターンを示したのです。チンパンジーにおいても、苦味を感じないことが、生存上それほど不利に働かなかった可能性があります。

苦味受容体の多様性は積極的に維持された?!

　遺伝子の多様性が高かった場合、「多様性を積極的に維持している」という解釈もできます。つまり、集団中にアミノ酸の多様性があることが、個体の生存に有利に働く場合もあるのではないか、よりたくさん子孫が残せるの

ではないか、という考えです。苦味を感じることは毒物の検出に役立ちますが、苦いものがすべて毒物というわけではありません。薬効のあるものは苦いことが多いので、苦味を感じづらい個体は薬効成分を摂取しやすいかもしれません。苦味を感じる遺伝子と感じない遺伝子の両方が集団中にあることが、個体の生存や繁殖に有利かもしれないのです。

苦味受容体の多様性について、ヒトで見られた特徴がチンパンジーにも同様に見られたので、ヒトだけが特殊というわけでもないようです。はっきりとした結論はまだ出ておらず、現在研究が進められています。

味覚の多様性はいつ・なぜ生まれたか

地球上のさまざまなヒト集団について、味覚受容体遺伝子の塩基配列が調べられました。すると、苦味受容体だけでなく、甘味受容体遺伝子の塩基配列にも多様性があることがわかりました[4]。味覚の多様性が生じた理由は今も謎のままです。集団の食文化や生業パターン（狩猟採集、農耕、遊牧など）との関係は、あまりはっきりしていません。うま味受容体は世界中の集団であまり違いがない一方で、甘味受容体は高い多様性を示しています[4]。

では、味覚の多様性はいつ頃生じたのでしょうか。そのヒントとなる事例として、苦味物質のひとつであるPTC（フェニルチオカルバミド）の感受性について紹介します。PTCは、ブロッコリーやケールなどいくつかの野菜に含まれます。これを苦いと感じないヒトがいて、この特性は遺伝することがわかっています。PTCの苦みを感じるタイプのヒトと感じないタイプのヒトの人数比は、地球上のどの集団で調べても生業パターンによらず似たような値でした[5]。この結果は、わたしたちのかなり古い祖先がPTCの受容体の多様性を獲得したことを示唆しています。具体的には、およそ210万年前に、苦味を感じるタイプと感じないタイプに分岐したのではないか、と考えられています。その両タイプが現在も共存していることから、やはり多様性を維持することが集団にとって有利だったのかもしれません。

[1] Wang, X., *et al.* (2004), *Hum. Mol. Genet.*, **13**, 2671-2678.
[2] Kim, U., *et al.* (2005), *Hum. Mutat.*, **26**, 199-204.
[3] Sugawara, T., *et al.* (2011), *Mol. Biol. Evol.*, **28**, 921-31.
[4] Kim, U.K., *et al.* (2006), *Chem. Senses*, **31**, 599-611.
[5] Campbell, M.C., *et al.* (2012), *Mol. Biol. Evol.*, **29**, 1141-1153.

Q24. ヒトの感覚には、進化の過程で弱まったものがありますか？

かつては、ヒトを含む霊長類はすぐれた視覚をもつ一方で、嗅覚はほかの動物より劣っている、というのが定説でした。霊長類は視覚を発達させ、嗅覚を弱める進化を遂げてきた、と考えられていたのです。この説は、マウスなどのげっ歯類とのゲノムの比較にもとづくものでした。ただし、その時点では、ヒト以外の霊長類のゲノムは一部しか解読されていませんでした。ヒトゲノムが2001年に、チンパンジーのゲノムが2005年に解読され、その後さまざまな動物の全ゲノムデータが明らかになりました。そして、ヒトをはじめとする霊長類の嗅覚について、理解が変化してきています。

じつはヒトの嗅覚は弱まっていない！？

嗅覚受容体は、匂い物質を認識するタンパク質です。匂い物質は種類がたいへん多いので、それらに対応できるように、ゲノムの中には嗅覚受容体遺伝子がたくさん存在します。嗅覚受容体の全遺伝子配列を調べたところ、ヒトが特別に嗅覚受容体の遺伝子を失ったわけではないことがわかりました。さらに、化学物質の種類によっては、（嗅覚がすぐれているとされる）イヌよりもヒトのほうが敏感に嗅ぎ分けられることもわかりました。こういった成果から、「ヒト（を含めた霊長類）では視覚が発達し、嗅覚が弱まった」という従来の定説が疑問視されるようになっています。

ここからは、霊長類の嗅覚に関するこれらの議論がどのような証拠にもとづくのかをみていきましょう。

シュードジーン（偽遺伝子）

DNA上のある塩基に欠失や挿入が生じてコドンの読み枠がずれると、予定とは異なるアミノ酸がつくられ、本来のタンパク質の機能が失われることにつながります。また、塩基の欠失、挿入、置換によって塩基配列の途中に終止コドンが生じると、本来より短縮されたタンパク質ができてしまい、やはり機能が失われることになります。遺伝子の発現調節領域に生じた塩基変異のために、遺伝子発現が起きなかったり、間違った発現が起きたりするこ

とでも機能喪失は起こります。このように塩基の変異により機能を失った遺伝子を「シュードジーン」といいます。

　先に述べたとおり、以前は、霊長類の嗅覚はほかの哺乳類に劣ると考えられていました。その理由は、ヒトではマウスにくらべて嗅覚受容体の機能遺伝子の数が少なく、シュードジーンの数が多いことでした。さらに、無作為に選んだ100個の嗅覚受容体遺伝子をさまざまな霊長類で配列決定したところ、ヒトで最もシュードジーンの割合が高く、類人猿（チンパンジーなど4種）、旧世界ザル（ヒヒなど6種）と続き、新世界ザル（オマキザルなど7種）と原猿類（キツネザル1種）はマウスと同程度だった、という報告がなされました。

　ここに、霊長類の視覚に関する情報を加えましょう。ヒトは多型的ではありますが、一般的には恒常的3色型色覚に分類されます。類人猿、旧世界ザルは恒常的3色型色覚で、新世界ザルは多型的3色型色覚、文献①で用いたキツネザルは2色型色覚です。しかも、新世界ザルの中で唯一恒常的3色型色覚を独自に獲得したとされるホエザルでは、例外的にシュードジーンの割合が高く、類人猿や旧世界ザルと同じくらいでした。これらのことから、霊長類は「3色型色覚を獲得したことで、嗅覚機能が弱まった」と解釈されたのです。

　しかし、さまざまな霊長類の全ゲノム配列が決定され、嗅覚受容体のすべての遺伝子配列が明らかになると、状況が一変しました。新世界ザルからヒトの間で、色覚型が違っても、嗅覚受容体の機能遺伝子の数やシュードジーンの数にたいした違いがなかったのです。そして、ヒトを含む霊長類のさまざまな種が、独自に遺伝子重複で遺伝子を増やしたり、シュードジーン化させたりしている実態がわかってきました。

嗅覚のバリエーション

　2014年、米国の科学雑誌『サイエンス』に、ヒトが嗅ぎ分けられる匂いの種類についての論文が掲載されました。この研究は、化学物質を混ぜ合わせてさまざまな匂いをつくりだし、ヒトが何種類の匂いを嗅ぎ分けられるかを調査したものです。以前は、ヒトが嗅ぎ分けられる匂いは1万（＝10^4）種類程度と考えられていましたが、この研究により、なんと1兆（＝10^{12}）種類もの匂いを区別できることがわかりました。これは、ヒトが認識できる

色や音の数よりもはるかに膨大です。少なくとも、ヒトの嗅覚が視覚や聴覚にくらべて弱まったとはいえません。

また、2013年に発表された論文には、次のような興味深い結果が示されています。❻嗅覚受容体のゲノム情報から、たとえば、花、チーズ、汗、草の匂いについて、それぞれの匂いの受容体を発現する遺伝子が特定されました。その結果を利用すると、嗅覚受容体に関する遺伝子配列の個体差をみることで、各個人がどの匂いを検知できるのか、またどの程度敏感に検知できるのかを判定できます。そこで、いろいろな地域のヒト集団のゲノム情報から、上記4種類の匂いを嗅ぎ分ける能力に地域差があるか調べられました。研究者は、食生活や文化の違いに応じて、匂い受容体の遺伝子のバリエーションも異なるはずだと予想しました。しかし、それぞれの匂いに敏感な人の割合は、地球上のいろいろな集団で大差ないことがわかりました。この結果は、匂い受容体の遺伝子のバリエーションが積極的に集団内で維持されている可能性を示唆します。

喪失がもたらすもの

わたしたちは、進化の過程で感覚が弱まったり失われたりすることは、その生物が生きるうえで不利になると考えてしまいがちです。しかし、ある感覚を失うことが有利に働く場合もあります。3色型色覚から2色型色覚になると、色のコントラストによる見分けは下手になりますが、明るさのコントラストによる見分けが上手になり、たとえば昆虫の擬態のようなカモフラージュを見破ることが上手くなります（Q22参照）。また、苦味の感覚が弱まったことで、薬効成分を多く含む食物を摂取できるようになります（Q23参照）。ヒトへの進化の過程で失われた感覚や弱まった感覚はいくつもありますが、いずれの変化にも、有利な面と不利な面のどちらもあったはずです。

❶ Gilad, Y., *et al.* (2004), *PloS Biol.*, **2**, e5.
❷ Matsui, A., *et al.* (2010), *Mol. Biol. Evol.*, **27**, 1192-1200.
❸ Nei, M., *et al.* (2008), *Nat. Rev. Genet.*, **9**, 951-963.
❹ Niimura, Y., *et al.* (2014), *Genome Res.*, **24**, 1485-1496.
❺ Bushdid, C., *et al.* (2014), *Science*, **343**, 1370-1372.
❻ McRae, J.F., *et al.* (2013), *Curr. Biol.*, **23**, 1596-600.

Q25. ヒトの脳はなぜ大きくなったのですか？

Chapter 3

　ヒトはほかの動物にはみられない大きな脳をもっています。この脳がヒトの高い知能を支えていることは疑いようがありません。では、なぜヒトは特殊な脳を獲得するにいたったのでしょうか。

ヒトの脳は大きい？

　「ヒトの脳は大きい」とよくいいますが、じつは、ヒトよりも容積の大きい脳をもつ動物は何種も知られています。ヒトの脳の容積が平均 1,300 cc であるのに対して、マッコウクジラの脳はなんと約 8,000 cc にもなるのです。一般に、体重の大きい動物ほど脳容積も大きい傾向があります。さまざまな動物の脳の重量と体重の関係を図1に示しました。このグラフは、横軸に「体重」、縦軸に「脳の重量」をとっているので、もし両者が完全に比例関係にあるならば、すべてのプロットが一直線上に並びます。しかし実際にはバ

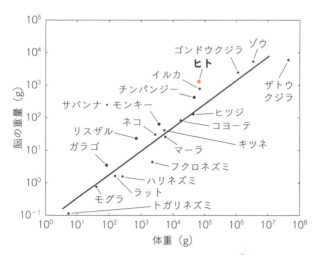

【図1　さまざまな動物の体重と脳の重量との関係。もし両者が比例関係にあるならば、すべてのプロットが左下から右上へ伸びる一直線上に並ぶはずだが、実際にはバラつきがある。直線から左上にはずれるほど体重のわりに脳が大きいということになる。】

ラつきがあり、ヒトの脳は体重のわりに大きいことがわかります。

ヒトの脳の特徴は、大きいことだけではありません。ヒトの脳は「前頭葉」という部分がきわめて発達しています。前頭葉は、行動や計画の立案、将来の予測、感情の抑制といった働きをつかさどることがわかっています。これらの働きは、ヒト特有の認知能力の基礎であり、前頭葉はヒトの知能を支える重要なエリアだと考えられています。

なぜヒトの脳は大きくなったのか？

人類の化石を調べると、約250万年前、つまり猿人から原人に進化した頃を境に、急激に脳が拡大する方向に進化してきたことがわかります（図2）。では、ヒトにいたる進化の過程で脳が巨大化した（というより、ほかの動物がもちえない高度な脳の機能を獲得した）理由はなんなのでしょうか。

この問題に対して、人類学ではいくつかの仮説が提唱されてきました。たとえば、直立二足歩行によって前肢が自由になり、道具を使用できるようになったことが脳の拡大をうながした、とする有名な仮説があります（Q17参照）。また、人類の祖先が肉食をはじめ、栄養状態が向上したことも脳の拡大に貢献してきた、という仮説もあります（Q16参照）。近年では、心理学や認知科学にもとづいた新しい仮説が注目されています。これは、複雑な社会をつくることが脳の拡大をうながした、というものです。ここからは、この説を詳しくみていきましょう。

社会と脳の共進化

森林からサバンナに生活の場を移したヒトの祖先は、サバンナで暮らすほ

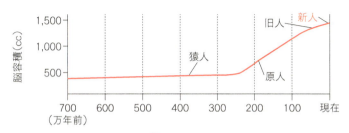

【図2　人類の脳容積の変遷。猿人から原人に進化した約250万年前から、急激な拡大がはじまった。】

かの動物のような強力なキバやツメ、俊敏さなどはもちあわせていませんでした。危険なサバンナで生き抜くには、群れをつくって生活する必要があったはずです。たとえば、大きな獲物を狩るには、大人数で役割分担したほうが、成功率が高かったでしょう。外敵から身を守るにも、大人数でいたほうが生き残る確率が高くなるはずです。狩りや戦闘に参加できない年老いた個体でも、赤ん坊を育てるのに役だったかもしれません（Q37、38参照）。

　ヒトの祖先はサバンナで生き残るために群れの生活をはじめましたが、その結果、群れのほかの個体と仲よくしたり、ときには欺いて出し抜いたりすることが、生存上重要になってきました。そこで発達したのが、ほかの個体が"何を考えているのか"そして"どのような気持ちなのか"を想像する能力だったと考えられています（Q28、29参照）。サバンナの環境に適応できるようになると、群れの規模はさらに大きくなったでしょう。群れのメンバーが増えることにより、個体間の関係はさらに複雑化し、単純な群れはやがて高度な社会へと発展します。ヒトの祖先は、さらに多くの個体とかかわりながら生活するようになったでしょう。それに伴い、先に述べたような社会生活に適応するための能力（他者の思考・感情を想像する力）もさらに発達し、結果として、脳そのものの発達につながっていったと考えられています。

脳を巨大化させたものの正体は？

　ヒトほどは複雑ではないにしろ、ほかの霊長類も社会をつくって生きています。また、アルディピテクス・ラミダスのようなサバンナに進出する以前の人類も、なんらかの社会をつくって生活していたはずです。では、社会と脳の共進化が、サバンナに進出した人類の祖先でしか起きなかった理由はなんでしょうか。この答えを知るには、ヒトの社会が、ほかの動物や、すでに絶滅してしまった人類の社会とどのような点で異なるのかを明らかにしなければなりません。異なる生物種どうしの社会を比較し研究することはたいへん難しいのですが、非常に意義深く、取り組みがいのある課題なのです。

❶ Hofman, M.A. (1982), *Brain Behav. Evol.*, **20**, 84-96.
❷ 科学技術振興機構（2010）、『Science Window』、2010年冬号。
　（http://sciencewindow.jst.go.jp/html/sw37/sp-004）

Q26. ヒトとサルのこころの働きには違いがありますか？

Chapter 3

Q25では、ヒトがほかの個体が考えていることを推測する能力に長けていることを紹介しました。このようなヒト特有のこころの働きは、ほかにもあるのでしょうか。ここでは、ヒトと進化的に最も近いチンパンジーとの比較を通して、ヒトのこころの特殊性に迫ってみます。

複雑な言語の使用

言語は、ヒトの最も際立った特徴でしょう。複雑な社会を構築し、高度な文化を次世代に伝えていくというヒトの活動の基盤に言語があることは、疑いの余地がありません。チンパンジーは言語を操っていないようです。しかし、言語を使わないからといって、使う能力がないとは限りません。言語がヒトだけにそなわったものなのか、多くの研究者が興味を抱いてきました。

チンパンジーは口や喉の構造に制約があって、ヒトのような発声はできません。そこで、チンパンジーに音声言語の代わりに手話を教えて、"会話"できるかどうかを確かめた研究があります[1]。その結果、簡単な手話を覚えさせることには成功したのですが、人間の言語に見られる文法のようなものは獲得できませんでした。よくいえば、「言葉は覚えたが、言語は獲得できなかった」といったところでしょうか。

ヒト特有の思い込み

ヒトは「AならばBである」という法則を学ぶと、「BならばAである」も正しいと思い込みがちです（Q29の4枚カード問題を参照）。たとえばわたしたちは、傘をさしている歩行者を見ると、外では雨が降っていると直感的に考えてしまいます。しかし、歩行者が傘をさしているからといって、必ず雨が降っているわけではありませんよね。この思い込みは、雨が降っているならば歩行者は傘をさす、という法則を知っていることが原因です。ヒトがもつこのようなこころの働きを「対称性バイアス」と呼びます。チンパンジーにもこの対称性バイアスがあるのかを確かめた研究を紹介します[2]。

この研究ではまず、ある色を見せられたら正しい図形を選ぶよう、チンパ

ンジーを訓練しました。たとえば、「赤ならば×、緑ならば○」という組み合わせを学ばせたのです。ほぼ100％正しい組み合わせを選べるようになった後、逆に、図形を見せてから色を選ばせる実験をしました。チンパンジーに対称性バイアスがあるなら、「赤なら×」という知識から、「×ならば赤」と逆の推測をするはずです。ところが、図形を見せられたチンパンジーはでたらめな色しか選びませんでした。この結果から、チンパンジーは対称性バイアスをもっておらず、一方向に物事を関係づけることはできても、その逆方向の関連づけはできないことがわかります。

　どうやら、対称性バイアスをもつのはヒトだけのようです。対称性バイアスのような物事を双方向に結びつける能力は、ヒトが言語をもっていることと密接にかかわっているのではないか、と考えられています。しかし、対称性バイアスが、言語の獲得に必要な条件だったのか、それとも言語を使用することによって生じた副産物なのかは明らかになっていません。

過去の記憶と、"今、ここ"を離れるこころ

　過去に経験した出来事に関する、時期や場所、そのときの気分などの記憶を「エピソード記憶」といいます。ヒトはとくに意識することなくエピソード記憶を蓄積しており、その記憶能力においてチンパンジーよりもすぐれている、と考えられています。さらに、ヒトは過去に何をしたかというエピソード記憶だけでなく、「明日○○があるから××を準備しておこう」といった予測（「展望記憶」と呼びます）を使って、未来に備えることができます。ヒトは"今"ではなく過去や未来、あるいは"ここ"ではなく別の場所での出来事を想像することで「こころの時間旅行」ができるのです。

　対称性バイアスのところで紹介したチンパンジーの記憶についての報告があります。先の研究から約20年後、同じ「色を見せて図形を選ぶ実験」をおこなったところ、ルールをしっかり記憶していたそうです。この例から、チンパンジーがすぐれた記憶力をもつことはわかりますが、これがはたしてエピソード記憶なのか（「昔この課題をやっていた」）、過去に学んだルールを意味記憶として長期にわたって保持していたのか（「赤ならば×」）を知るには、さらなる研究が必要でしょう。チンパンジーが過去のことをどのように記憶しているのか、そして記憶を（ヒトがするように）未来の予測に役立てているかを確かめるのは、難しいけれど探求しがいのある課題です。

チンパンジーにはできて、ヒトにできないこと

　ここまで紹介してきたのは、ヒト特有と思われるこころの働きでした。一方、ヒトのこころにはないけれど、チンパンジーのこころにはある働き（能力）の存在も明らかになっています。チンパンジーは、目にした数字や記号を一瞬で記憶する能力が、ヒトよりもはるかにすぐれているのです。この能力を実証した研究例を紹介しましょう。❸

　京都大学霊長類研究所のチンパンジーたちは、1から9までの数字の大小関係を理解できるよう訓練されています。彼らとヒトを対象に、タッチパネルを使った次のような課題を課しました。まず、タッチパネル上に1から9までの数字をランダムに配置した画像が表示されます。その中の一番小さな数字をタッチすると、残りの数字は四角形で隠され、どこにどの数字があったか見えなくなります。そこで、タッチパネル上に残された9つの四角形を、その位置にあった数字の小さい順にタッチできれば成功です。あるチンパンジーは、たった0.7秒見ただけで、9つすべての数字の位置を記憶できました。こんな短い時間で数字の位置を記憶するのは、ヒトには不可能です。

"できること"と"していること"は違う？

　チンパンジーのこころの働きには、ヒトと似ているところだけでなく、異なるところも数多くありますが、このようなこころが彼らの生活の中でどのように活かされているのでしょうか。じつはまだまだ解明されていないことが数多くあり、その解明のためには、チンパンジーの"本来のくらし"を知る必要があります。チンパンジーはアフリカの熱帯雨林に暮らしています。そのような環境への適応が、彼らのこころを育んできたことは疑いようがありません。"自然なこころ"の働きを精密な実験によって明らかにする——こころの進化を理解するためには、フィールドと研究室が手を取り合って研究を進めていくことが大事なのです。

---

❶F・パターソン，E・リンデン著，都守淳夫訳（1984），『ココ、お話ししよう』，どうぶつ社．
❷友永雅己（2008），認知科学，**15**，347-357．
❸Inoue, S., and Matsuzawa, T. (2007), *Curr. Biol.*, **17**, R1004-R1005.

Q27. ヒトには喜怒哀楽がありますが、ほかの霊長類ではどうでしょうか？

Chapter 3

　ヒトが喜怒哀楽を表す方法はさまざまですが、最もわかりやすいのは顔の表情でしょう。見ず知らずの人だとしても、「喜んでいる顔」「怒っている顔」などはほぼ見分けがつくはずです。喜怒哀楽の感情はヒト全体で共有されているようなので、祖先がある時点で獲得したものと考えられます。わたしたちのもつさまざまな感情がいつどのような順で獲得されたのかは、人類学における重要な疑問です。

霊長類の喜怒哀楽と表情の進化

　系統的にヒトと近縁な霊長類も、不安、恐怖、怒りなどヒトと似た反応を示すことが知られています。「笑う」「怒る」「怖がる」など、特徴的な表情の変化も認められます。ただし、ほかの霊長類の「悲しむ」表情は知られていないので、これはヒト特有の感情なのかも知れません。

　感情が表情に表れるのは、感情の変化に応じて顔面の「表情筋」が動くからです。マウスなどの小動物の表情が乏しいのは、そもそも表情筋の種類が少ないためでしょう。霊長類が進化していく過程で、顔面中央部、とくに口のまわりの筋肉（口輪筋）が円状に発達するとともに、頬の筋肉の分化が進みました。その傾向に加え、チンパンジーやゴリラのような類人猿では、耳や頭皮の筋肉の運動性が低下しています。

　ヒトでは、耳や頭皮の筋肉はさらに退化して、耳がほとんど動かせなくなりました。逆に、頬の筋肉が発達し、口唇や頬の多様な運動が可能になり、口角を後ろ上方に引き上げ微笑みの表情をつくれるようになりました。ヒトに特有な「悲しみ」の表情をつくるためには、さらなる表情筋の進化が必要でした。具体的には、口角を下へ引き下げることのできる筋肉から、口角を側面へ引き寄せる筋肉と、下唇を前へ突き出す筋肉が分化したと考えられています。ちなみに、ヒトはある程度意図的に表情筋を制御できますが、これはほかの霊長類には難しいようです。感情を表情に出さないポーカーフェイスを装ったり、偽りの表情をつくったりするのは、ヒトだけなのかもしれません。

悲しみの顔が生まれたのはなぜ？

　ヒトだけが悲しみの表情をもつようになったのには、何か理由があるのでしょうか。そもそも悲しみの表情をもつことには、進化上のメリットがあるのでしょうか。

　ひとつの仮説として、悲しみの顔は他個体に助けを求める信号として進化した、という考えかたがあります。悲しみの顔をみせる性質と、それに反応して助けを与えたくなる性質が、相互依存的に進化したというアイデアです。この仮説が正しいとすれば、悲しみの顔を獲得した当初は次の3つの条件を満たしていたはずです。

①悲しみの顔が、その個体が助けを必要とすることの「正直な信号」として機能する。言い換えると、助けを必要としない場合には、この信号を発することができない。
②信号に反応して、この個体を助けることにより、繁殖上の利益を得る個体が周囲に存在する。これはおもに、助けを必要とする個体の血縁者だと考えられる。
③非血縁者の信号にも反応して助けを与えてしまうことによる繁殖上のコストは、血縁者の信号に反応することによる利益と比較して小さい。

　このことから、悲しみの顔は、そもそも親子の間のコミュニケーションのために進化してきたのではないかとも考えられます。ただし、以上の考察はあくまで仮説であって、いまのところ何の証拠もありません。

　また、この仮説だけでは、悲しみの表情がヒトにはあって、チンパンジーにはない理由を説明できません。ヒトは成長するために親の世話をより多く必要とするから、あるいはチンパンジーは表情筋以外の方法でコミュニケーションするから、などの可能性はありますが、いずれも裏づけはありません。今後の研究で、悲しみの表情の進化についても理解が深まると期待されています。

Q28. ヒト以外の霊長類も、顔色を見て相手の機嫌をうかがったりするのでしょうか？

Chapter 3

　ヒトは、他人の顔色（表情など）からその人の機嫌を推測することができます。この能力は、強い社会性をもつヒトにとって、自分の行動を決めるうえで非常に重要です。ヒト以外の霊長類にも、他者の顔色を見て相手の機嫌をうかがっているかのような行動がみられます。ただし、その根底にある"こころ"の動きは、ヒトとは違うかもしれません。

チンパンジーも仲よしが好き!?

　霊長類の中で、進化的に最もヒトに近いチンパンジーを例にとりましょう。集団で行動・生活するチンパンジーにとっても、別個体の機嫌を推測する能力は重要で、その能力にもとづく行動がみられます。

　たとえば、自分より順位の低い相手を怒って攻撃的になっている個体に対して、まわりの個体が手を伸ばして触ったり、毛づくろいをしたり、抱きついたりする様子が観察されます。毛づくろいや抱きつきは「親和行動」と呼ばれ、一般に仲のよい個体間でおこなわれます。怒って攻撃的になっている個体には危険だから近づかない、という選択肢もあるはずです。にもかかわらず、わざわざ親和行動をとるのは、「まあまあ、落ち着いて」となだめているようにみえます。また、「自分は仲よし」ということをアピールして、自分への攻撃を回避しているという見方もできます。また、攻撃された個体に対しても、まわりの個体が親和行動をとることがあります。こちらはまるで、やられてしょげている相手をなぐさめ、励ましているかのようです。

チンパンジーにはない？「心の理論」

　けんかの仲裁や、いじめられた友人をなぐさめる行動。ヒトがこのような行動をとる場合は、「気に食わないことがあったな」とか「叩かれて落ち込んでいるだろうな」などと、他者の内心を推測していると思われます。他者の意図や感情などを推測する能力は「心の理論」と呼ばれ、ヒトに特有のものと考えられています。少なくとも、ヒト以外の動物が心の理論をもつといえる証拠は見つかっていません。

上で紹介したチンパンジーの例（仲裁やなぐさめ）は、彼らが心の理論をもつかのようにみえる行動ですが、そうとは限りません。相手の考えや心理状態を推測できなくても、怒っていることは見ればわかります。群れの中に争いがあること自体がストレスになったり、他者の怒りや怯えの感情が周囲の個体に移ったりするとすれば、そのストレスを解消するために上記のような行動をとったと考えることが可能です。実際、チンパンジーだけでなく多くの動物で、他個体のストレスや感情が伝染する現象が知られています。❶

「心の理論」を検証する課題

　心の理論は正確には、「行動の背景に意図があり、他者が自分と異なる意図をもっていることを理解できる能力」を指します。相手の知識、意図、信念、感情などを理解する能力、と言い換えてもいいでしょう。では、ヒトや動物がこの心の理論をもつかどうかを確かめるには、どんな実験をおこなえばいいのでしょうか。代表的なテストに「誤信念課題」があります。❷ サリーとアンという子の名前をよく使うことから、「サリー・アン課題」と呼ばれたりします。この課題をパスできれば、心の理論をもつといえます。

サリー・アン課題

　サリーとアンが部屋でボール遊びをしています。しばらくすると、サリーはボールを赤い箱に入れて部屋を出ていきました。サリーがいない間に、アンはボールを青い箱に移しました。その後、サリーが部屋に戻ってきました。どちらの箱も外からはボールが見えません。

Q. ここで質問です。サリーはどちらの箱からボールを取り出そうとするでしょうか？

ほとんどの読者が「赤い箱」と答えたと思います。あなたは、「サリーはアンがボールを移したことを知らないから、自分が入れた赤い箱からボールを取り出そうとするだろう」とサリーの心の中を推測したのです。心の理論を確立していないと、この推測ができません。ヒトでも、3歳半くらいまでの幼児は「サリーはボールが移動したことを知らない」という推測ができず、自分の知識をもとに「青い箱」と答えてしまいます。ヒトがサリー・アン課題を正解できるようになるのは、一般に4〜5歳頃と考えられています。

同様の課題をチンパンジー用に言葉を使わない形で実施した研究がありますが、チンパンジーがパスした例は今のところありません[3]。チンパンジーは、ヒトがもつような心の理論をもっていないようです。

チンパンジーも欺く!?

ただし、チンパンジーも、心の理論を構成する能力の一部はもつと考えられています。さまざまな実験により、チンパンジーが他者の知識、見たもの、欲求を理解することが示されているのです。さらにチンパンジーは、他個体の視線の先を見る視線追従もできます。なかには、自分が発見したエサを横取りされないように、高順位の個体が通り過ぎるまで、エサから目をそらすような「欺き行動」をとるものもいます。ここで注意しなければならないのは、じつは他個体の内心を推測しなくても欺き行動は可能であるという点です。たとえば、エサを見ていたら横取りされたという失敗経験を何度か積んだ個体が、「自分より強い個体がいるときにはエサを見ない」という行動パターンをもつようになる可能性があります。この場合、他個体の心の動きを推測したかのようにみえる欺き行動ができるわけです。

ヒトは日常的に他者の考えていることを推測しています。動物にはないその能力が、ヒトの大きく複雑な社会を支えているのかもしれませんね。

---

[1] De Waal, F. (2009), *The Age of Empathy*, Harmony Books.(フランス・ドゥ・ヴァール, 柴田裕之訳(2010), 『共感の時代へ——動物行動学が教えてくれること』, 紀伊國屋書店.)
[2] Baron-Cohen, S., *et al.* (1985), *Cognition*, **21**, 37-46.
[3] Call, J., and Tomasello, M. (2008), *Trends Cogn. Sci.*, **12**, 187-192.

Q29. ほかの霊長類にはなく、ヒトに独特な感情はありますか？

Chapter 3

　ほかの霊長類にはなく、ヒトに独特な感情はあるのでしょうか。じつは近年、ヒトには「裏切り者を許さない」という感情があり、これはヒト特有のものだとわかってきました。

ヒトは「裏切り者検知能力」が高い!?

　まず、進化心理学者がよく使う「4枚カード問題」を紹介しましょう。表に数字、裏にアルファベットが書かれた①～④の4枚のカードがあります（図1(a)）。表の数字と裏のアルファベットの組み合わせには、「偶数の裏は母音」というルールがあるとします。必要最小限のカードをめくってこのルールが守られているかを確かめるには、どのカードを選べばいいでしょうか？

　こう問われると、直感的に「①のみ」（表が偶数のカード）または「①と④」（表が偶数のカードと裏が母音のカード）と答える人が多いようです。①はたしかに調べる必要がありますが、ルール上、母音の裏は奇数でも偶数

（a）表に数字、裏にアルファベットが書かれたカードが4枚ある。「偶数の裏は母音」というルールが守られているかを調べるには、どのカードをめくればいい？

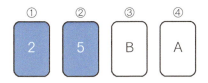

（b）表に飲み物、裏に年齢が書かれたカードが4枚ある。「アルコール飲料の裏は20歳以上」というルールが守られているかを調べるには、どのカードをめくればいい？

【図1　4枚カード問題】

でも問題ないので、④をめくる必要はありません。正解は、「①と③」（表が偶数のカードと裏が子音のカード）です。子音の裏が偶数だったらルール違反なので、③をめくって確かめる必要があります。

では、別バージョンの4枚カード問題にも挑戦しましょう。こんどは、表に飲み物、裏に年齢が書かれたカードを使います（図1 (b)）。このカードには「アルコール飲料の裏は20歳以上」というルールがあるとします。ルール違反がないかを調べるには、どのカードをめくればいいでしょうか？

やはり正解は「①と③」（表がアルコール飲料のカードと裏が20歳未満のカード）ですね。最初の問題と論理構造はまったく同じであるにもかかわらず、こちらの問題はより多くの人が容易に正解することがわかっています。このような結果から、ヒトは実生活に即したルールの違反に敏感である可能性が示唆されます。あるいは「ルールを破る"裏切り者"を検知する能力が高い」と言い換えられるかもしれません。約束やルールを破る裏切り者がいると自分が損をする可能性があるので、ヒトに裏切り者を検知する能力が備わっているとすれば適応的です。

ヒトは裏切り者を罰したい⁉

さらに、ヒトは「裏切り者を罰したい」という欲求をもつことを示唆する報告があります。

2002年、経済学者が次のような実験をおこないました[1]。実験室に複数の被験者を集め、最初に配った金額のうち「好きな金額を公共事業に投資する」というゲームに参加させます。事業は必ず利益を出し、プレイヤーは全員配当金を受け取れるものとします。経済学者は、このゲームを繰り返させ、プレイヤーたちが採用する投資戦略に注目しました。論理的に考えると、最も配当金額が大きくなるのは、全員が最初に与えられた額すべてを投資する場合です。ただし、投資家の立場で考えてみると、これが最も儲かる戦略とはかぎりません。ずる賢いプレイヤーは、自分は1円も出さず、ほかのプレイヤーが出したお金がもとになった配当金をもらうという、儲けの大きい「タダ乗り戦略」に気がつきます。そのため、このゲームを何回か繰り返すと、最初は気前よく投資していた人も、次第に投資額を減らすという結果が得られました。

そこで経済学者は、タダ乗りするプレイヤー（裏切り者）に別のプレイヤ

ーが罰を与えられるようなルールを加えました。配当金が配られた後、たとえば「1万円払うと、指定した誰かに3万円の罰金を払わせることができる」といったものです。自分も多少のコストを払うことで、裏切り者に罰金を払わせることができるというわけです。よく考えると、この新ルールにもタダ乗り戦略が存在します。自分はお金を出さず、ほかの人が1万円を払って罰を与えてくれるのを待つという戦略です。しかし実際には、損をしてもいいから、みずから罰を与えたいというプレイヤーが多く現れました。こういった行動を「利他的罰」といいます。「タダ乗りは許せない」という感情は、損得を超えて湧くようなのです。

裏切り者を許さないのはヒト社会の特徴!?

裏切り者が利益を得るのは、多くの他個体が裏切り者でない場合に限られます。裏切り者は、ほかの多くの個体が集団全体で共有するために蓄えた財産（富）を"あて"にしているからです。全員が裏切り者であるような集団では、共有財産を生みだすような協力（前述の例では投資）が成立せず、誰も利益を得ることができません。

以上の考察をヒントに、ヒトの社会の進化について考えてみましょう。わたしたち自身を思い浮かべれば明らかですが、ヒトが協力体制を築かずに生き延び、個体数を増やすことはできません。したがって、初期のヒト社会は協力を土台にしていたはずです。協力を基盤に成功をおさめたヒトの社会は、集団サイズを拡大しました。この集団の中に、他個体にだけ協力させて自分は裏切るという個体が現れたとしましょう。協力者が大半を占める集団の中ではタダ乗り戦略は有利に働くため、裏切り者は進化上有利になります。ここでなんらかのメカニズムにより裏切りが抑制されないと、裏切り者が増え、協力のない集団に収束してしまいます。こうなってしまうと、集団だからこそ得られる成果は失われ、集団としての成長は見込めません。ここで紹介した、論理や個人の損得を超えた行動は、裏切りを抑制するメカニズムのひとつとしてヒトが獲得したものなのかもしれません。

❶ Fehr, E. and Gächter, S. (2002), *Nature*, **415**, 137-140.

Q30. ヒトはなぜメイク(化粧)をするようになったのでしょうか? 口紅にはどんな意味がありますか?

Chapter 3

口紅は最も手軽にできるメイク(化粧)です。人類学の視点で口紅やメイクの意味を考えてみると、ヒトの何気ない行動に隠された秘密がみえてきます。

「赤い口紅」で魅力がアップ!?

まず、2012年にフランスの研究チームが発表した論文を紹介しましょう[1]。彼らは、カフェの女性店員の口紅の有無や色の違いによって、サービスを受けた客が支払うチップの額が変わるかを調べる実験をおこないました。口紅が客の行動に与える影響だけをみるために、接客態度には差が出ないように注意してもらいました。

結果は客の性別によって異なりました。まず、店員と同性の女性客では、口紅の違いによらずチップの額はほぼ同じでした。一方、男性客では、ピンクとブラウンの口紅をつけたときは口紅なしのときと大差なく、「赤い口紅」をつけたときだけチップの額が大きく上がったのです(図1)。このことから、女性が男性に魅力をアピールするには、「赤い口紅」が有効であると推

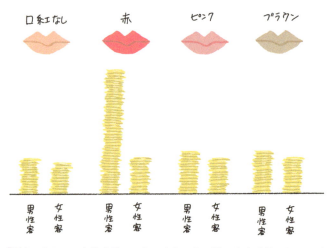

【図1 カフェの女性店員の口紅の有無・色の違いと客が払ったチップの金額との関係。赤い口紅のときだけ、男性客がチップを奮発した。】

測できます。

「赤い服」で男性を誘う!?

　同じ2012年、アメリカの研究チームから、口紅ではなく「服の色」に注目した以下のような論文が出されました。この研究チームは、女性の被験者を集め、仮想の「出会い系サイト」を利用することを想像してもらい、サイトに自分のどんな写真を掲載したいかを考えさせる、という実験をおこないました。ただし、被験者は2つのグループに分けられ、一方はサイトを利用する理由を「結婚相手のような長期的パートナー」を探すことだと説明され、もう一方は「一夜限りの性的な短期的パートナー」を探すことと説明されたのです。また、掲載する写真を撮るときに着る洋服の色は、赤・黒・青・緑の中から選んでもらいました。その結果、短期的パートナーを求める場合のほうが、「赤い服」を選ぶ人の多いことがわかりました。また、本物の出会い系サイトをいくつか調査した結果からも、長期的パートナーより、性的な短期的パートナーを求める女性のほうが「赤い服」を着ている割合の多いことがわかりました。

　男性が魅力を感じる「赤い口紅」と、女性が性的アピールに用いる「赤い服」、これらに共通する「赤」には何か意味があるのでしょうか。

「赤色」は霊長類の発情シグナル

　じつは一般に、「赤」はヒトに近縁な霊長類のメスが発情のシグナルとして使う色なのです。チンパンジーもゴリラもヒヒも、発情期のメスのお尻は赤くなり、オスはそれを見てメスと交尾します。

　このとき、オスは本当にメスの発情を視覚でとらえているのでしょうか。発情したメスの匂いをシグナル

【図2　ヒヒのオスは、発情期の赤い外性器を模した模型をつけたメスをみて発情した。オスは視覚的なシグナルでメスの発情をとらえている?】

にしている可能性はないのでしょうか。それを確かめた論文が、1986年、南アフリカの研究チームから発表されています。研究では、卵管を切除して発情できなくしたメスのヒヒに、発情期の赤い外性器を模した模型をつけ、その姿をオスに見せたときの反応が観察されました。このメスは生理的に発情できないので、発情期特有の匂いなどはまったくしないはずです。

　結果は、オスは視覚でメスの発情をとらえているという考えを支持するものでした。模型をつけたメスを見たオスは発情したのです（図2）。霊長類にとって、たしかに「赤」はメス発情の視覚シグナルだったのです。

メイクのパワー

　イギリスの動物学者デズモンド・モリス（Desmond Morris, 1928-）は、ヒトの女性は外性器が隠れているので、唇が外性器を模したものとなったと考えました。ヒトの女性は、お尻の代わりに唇を赤くして発情をアピールしている、という仮説です。今のところこの説の真偽は確かめられていません。ヒトの男女が「赤」を性的魅力のシグナルにしていることはうかがえますが、それはほかの霊長類と同じ「発情のサインだから」という理由ではないかもしれません。文化的な影響で「赤を魅力的に思う」という可能性も十分にあります。

　けれど、ヒトが異性の魅力を見た目で判断していることは確かです。脳内の血流を視覚化する装置を使って調べたところ、男性が魅力的な女性の顔を見たとき、OFC（眼窩前頭皮質）と呼ばれる箇所が活性化することがわかりました。しかも、同じ女性のメイクをした顔としていない顔の写真を別々に見せた場合、メイクした顔写真を見せたときにOFCがより強く活性化したのです。つまり、メイクしただけで好感度が上がるわけですから、多くの女性がメイクをするのもうなずけます。ただし、霊長類にとって「赤」はとくに発情と関係が深い色ですから、その気がないときは口紅の色を慎重に選んだほうがいいかもしれませんね。

---

❶ Gueguen, N. and Jacob, C. (2012), *Int. J. Hosp. Manage.*, **31**, 1333-1335.
❷ Elliot, A.J. and Pazda A.D. (2012), *PLoS One.*, **7**(4), 1-5.
❸ Bielert, C., *et al.* (1989), *J. Zool. Lond.*, **219**, 569-579.
❹ Cloutier, J., *et al.* (2008), *J. Cogn. Neurosci,*, **20**(6), 941-951.

Q31. ヒト以外に、道具を作成して利用する霊長類はいますか?

われわれヒトはさまざまな道具をつくり、利用しています。言語能力や社会の複雑さと同様に、道具の使用はヒトの際立った特徴です。しかし、「専売特許」とまではいえないかもしれません。ほかの動物も道具を使うことは知られているからです。なかでも霊長類の多く、そしてとくに類人猿は、わりと頻繁に道具を使います。道具をつくる例は、ヒト以外ではチンパンジーなどの類人猿で知られています。ここでは、具体例をみながら、霊長類の道具使用のレベルや文化の伝達について考えていきましょう。

経験とともにレベルを上げる道具使用

チンパンジーが道具を使う例はいくつも知られています。たとえば、木の枝を使った"アリ釣り"が有名です。これは、アリ塚の穴に木の枝を挿し込み、中にいるアリをその枝にくっつけて自らの口に運ぶ、という行動です。チンパンジーが道具を使って食物を得る例はほかにもあります。

西アフリカのギニア共和国・ボッソウ村には、野生のチンパンジーの棲む森があります。ボッソウのチンパンジーは石を使ってヤシの実を割り、やわらかい核を取り出して食べるという、独特の文化をもっています。いつ(何世代前)からヤシの実割りをはじめたのかはわかりませんが、先祖代々受け継がれているのです。別の森のチンパンジー集団では、このような行動はみられません。また、ボッソウの集団の個体も自発的にヤシの実割りをはじめるわけではなく、オトナ(親)の行動を見て真似しながら身につけます。

ボッソウのチンパンジーのヤシの実割りにおける道具使用には、3段階のレベルがあります。最もレベルの低い使用方法は、地面に実を置いて、上から石で叩くというものです。実の下の状態は気にしません。次のレベルでは、地面ではなく台となる大きめの石の上に実を置いて、手にもった石で叩きます。打つときに下に硬い台があったほうが割りやすい、と理解していることがわかります。最高レベルの道具使用は、たんに台を用意するだけでなく、地面との間に小石を挟み、台を安定させるというものです。彼らは、親の真似からはじめて、経験を積みながら道具使用のレベルを上げていきます。

また、経験を積むと、より実を割りやすい形状の石を選べるようになります。

では、チンパンジーの道具づくりについても考えてみましょう。まず、ボッソウの集団において、石を割ってヤシの実割りに適切な石器をつくる行動は観察されていません。台の石が偶然割れるところは観察されましたが、それを利用することはありませんでした。しかし、別の場面での道具作りの分化が受け継がれています。ボッソウのチンパンジーは、木のうろにたまった水を飲む際、葉を口の中で折りたたむようにして、水をすくう道具をつくるのです❸。また、アリ釣りにおいては、使う棒を状況に合わせて加工することがあります。ただし、道具をつくるための道具づくりまではしないようです。

新世界ザルと旧世界ザルの比較

ヒトとはもっと遠縁の新世界ザルも、道具を使用します。たとえば、南アメリカ大陸のフサオマキザルはボッソウのチンパンジーと同様、石を使ってヤシの実を割ることが知られています❹。この新世界ザルは、二足で立ち、石を両手で頭の高さくらいまで持ち上げ、体重をかけて木の実を割るのです❺。フサオマキザルのヤシの実割りは、ヨーロッパ人がはじめて南アメリカ大陸に渡った頃から観察されています。

タイのカニクイザルは旧世界ザルですが、石で牡蠣の殻を割って中身を食べることが知られています。ボッソウのチンパンジーと同様、牡蠣を石の台に載せて叩くこともあり、また、殻を割りやすい尖った石を選びます。カニクイザルの道具使用の例として、ヒトの髪の毛を使った歯磨きも有名です❻。

旧世界ザル（アジア、アフリカのサル）と新世界ザル（中央・南アメリカのサル）が分岐したのは、4,000万〜3,000万年前と考えられています。旧世界ザルのほうがヒトや類人猿と進化的に近いので、新世界ザルよりもずっと賢いイメージがあるかもしれません。しかし、新世界ザルも旧世界ザルと近いレベルの道具使用をするのです。

道具使用の文化の継承

ここまで、霊長類の道具使用の例をいくつか紹介してきました。いずれの例にも共通するのは、同じ種でも道具を使うグループと使わないグループがあることです。これは、「賢いグループ」と「賢くないグループ」という違いではなく、先祖が道具の使用方法に気づいたかどうかによって決まります。

ボルネオやスマトラのオランウータンは、木の枝を加工した道具を手にもち、昆虫を捕獲したり、果実から種を取り除いたりします。また、とげのある果実をつかむときに木の葉で巻くなど、さまざまな文化がありますが、これらの道具使用行動には地域差がみられます❼。アフリカのチンパンジーも、地域ごとに異なった道具使用の文化をもっています❽。マハレでの道具使用はオオアリ釣りのみですが、前述のボッソウではヤシの実割りのほかにも、木の枝を用いた水藻すくいなど、いくつもの道具使用が観察されています。こういった地域差は、集団によって気づく事柄が異なった結果でしょう。先祖の気づきが仲間に広まり受け継がれなければ、道具を使うグループは生まれないでしょう。現在道具を使っていないグループが道具を使うようになるとすれば、道具使用の文化をもつグループとの交流がきっかけになるかもしれません。あるいは、グループ内に道具使用の方法や有効性に気づく個体が現れるのを待つ必要があります。

　では、道具使用に気づいた個体と気づかなかった個体には、何か違いがあるのでしょうか。両者を分けたのは知能の差で、気づいた個体が高い知能の持ち主だった、という考えも否定しきれませんが、同じ種の個体どうしにそれほど大きな差があるとは考えにくいです。むしろ偶然や生活環境に左右される要因が大きいのではないでしょうか。つまり、どの個体も気づく可能性はある、とするのが無理のない考えかたです。カニクイザルなどでは、水で砂のついたイモを洗う行動を、模倣によらずに異なった個体が学習して獲得するという現象が観察されています❾。

---

❶ジェーン・グドール，高橋和美ほか訳（1994），『心の窓 ―チンパンジーとの30年』，どうぶつ社．
❷Matsuzawa, T. *et al.* (eds.) (2011), *The Chimpanzees of Bossou and Nimba*, Springer.
❸松沢哲郎（2003），科学，**73**，岩波書店．
❹伊沢紘生・水野昭憲（1976），賢いヤシの実の上手な食べ方：フサオマキザルで観察されたユニークな採食行働，モンキー，**20**，62-73．
❺Visalberghi, E. *et al.* (2007), *Am. J. Phys. Anthropol.*, **132**, 426-444.
❻濱田穣（2007），『なぜヒトの脳だけが大きくなったのか ―人類進化最大の謎に挑む』，講談社．
❼Van Schaik, C.P. *et al.* (2003), *Science*, **299**, 102-105.
❽中村美知夫（2015），『「サル学」の系譜 ―人とチンパンジーの50年』，中央公論新社．
❾田中伊知郎（1999），「行動の社会発達」，（西田利貞・上原重男編，『霊長類学を学ぶ人のために』，世界思想社．）

付録A　　　　　　　　　　　　　　　　　　　　遺伝暗号表

3つの塩基の配列により決まるコドン64種類と、それに対応する20種類のアミノ酸。コドンの中には特別な役割をもつものが4つある。AUGというコドンはメチオニンに対応するが、タンパク質の合成開始を意味する「開始コドン」として働く。また、UAA、UAG、UGAの3つのコドンは、タンパク質の合成の終了を意味する「終止コドン」である。

1番目の塩基	2番目の塩基 U		C		A		G	
U	UUU	フェニルアラニン	UCU	セリン	UAU	チロシン	UGU	システイン
	UUC	フェニルアラニン	UCC	セリン	UAC	チロシン	UGC	システイン
	UUA	ロイシン	UCA	セリン	UAA	終止コドン	UGA	終止コドン
	UUG	ロイシン	UCG	セリン	UAG	終止コドン	UGG	トリプトファン
C	CUU	ロイシン	CCU	プロリン	CAU	ヒスチジン	CGU	アルギニン
	CUC	ロイシン	CCC	プロリン	CAC	ヒスチジン	CGC	アルギニン
	CUA	ロイシン	CCA	プロリン	CAA	グルタミン	CGA	アルギニン
	CUG	ロイシン	CCG	プロリン	CAG	グルタミン	CGG	アルギニン
A	AUU	イソロイシン	ACU	スレオニン	AAU	アスパラギン	AGU	セリン
	AUC	イソロイシン	ACC	スレオニン	AAC	アスパラギン	AGC	セリン
	AUA	イソロイシン	ACA	スレオニン	AAA	リジン	AGA	アルギニン
	AUG	メチオニン（開始コドン）	ACG	スレオニン	AAG	リジン	AGG	アルギニン
G	GUU	バリン	GCU	アラニン	GAU	アスパラギン酸	GGU	グリシン
	GUC	バリン	GCC	アラニン	GAC	アスパラギン酸	GGC	グリシン
	GUA	バリン	GCA	アラニン	GAA	グルタミン酸	GGA	グリシン
	GUG	バリン	GCG	アラニン	GAG	グルタミン酸	GGG	グリシン

第4章

子育ては大変だ！
―― 繁殖戦略と家族の進化

- **Q32** パートナー（配偶者）の選びかたに、ヒトとほかの動物で異なる点はありますか？ ············ 96
- **Q33** 異性の好みはどのように決まっているのでしょうか？ これがあればモテる！ という遺伝子はありますか？ ············ 99
- **Q34** 霊長類は、より多くの子孫を残すために、オスどうしで競争をするのでしょうか？ ············ 102
- **Q35** オスどうしの繁殖競争としての〝子殺し〟は、ヒトに近い霊長類でもありますか？ メスは抵抗しないのですか？ ············ 104
- **Q36** ほかの霊長類の仲間とヒトの出産には、違いはありますか？ ···· 106
- **Q37** ヒトとほかの動物では、子育てのしかたにどんな違いがありますか？ ············ 109
- **Q38** ヒトの赤ちゃんの成長は、チンパンジーとくらべると速いでしょうか、それとも遅いでしょうか？ ············ 112
- **Q39** ヒトの祖先の婚姻システムはどのようなものだったのでしょうか？ ············ 115
- **Q40** 大昔の人類の母親は、生涯で何人くらいの赤ん坊を産んだのでしょうか？ ············ 118

番外編
- **Q41** 法医人類学者に憧れています。この職業にはどのような力が必要とされますか？ ············ 120

Q32. パートナー(配偶者)の選びかたに、ヒトとほかの動物で異なる点はありますか？

Chapter 4

　17世紀、イギリスの哲学者ジョン・ロック（John Locke, 1632-1704）は「人の心は白紙（タブラ・ラーサ）の状態で産まれ、観念はすべて経験によって得られる」と主張しました。これから派生して、「ヒトは異性の好みに関して真っ白な状態で産まれる。その後、成長の過程で得た文化的な経験によって好みが決まる」という考えかたがあります。たしかにヒトの社会では、"時代"や"文化"によって魅力的とされる配偶者像が異なるように思えます。しかし、ヒトの異性の好みは本当に育った文化だけで決まるのでしょうか。また、配偶者選びに文化的影響があるのは、ほかの動物にはないヒトだけの特徴なのでしょうか。

動物が生まれつきもつ好み

　一般に、動物も交配する相手を選びます。そこにはなんらかの基準による選り好みがあり、同種の異性ならどの個体でもよいというわけではありません。動物のこのような行動は「配偶者選択」と呼ばれます。配偶者選択があるため、異性から見て好ましい形質が次世代に受け継がれやすく、やがてそれが種全体に広まることを「性淘汰」と呼びます。たとえば、クジャクはオスだけが美しく長い尾羽をもちますが、それはメスがより尾羽の美しいオスを好んで選択し、交尾した結果、より美しいオスが子孫に増えていった、というわけです。

　美しいオスを選び続けてきたメスの好みはクジャクの文化ではなく、生まれつきの傾向です。ヒトにも、このような生まれつき備わった配偶者選択の好みがあるのでしょうか。

世界共通の異性の好みがある!?

　アメリカの心理学者デイビッド・バス（David Buss, 1953-）は、世界中のさまざまな地域で、多くの男女が異性を選ぶときに重視する点を調べました。その結果、たとえ文化が違っても、どこの社会でも、男性は女性の身体形質を重視し、女性は男性の経済力を重視するという傾向がみられました。

ただし、"身体形質" や "経済力" の優劣の基準は、社会によって異なります。痩せているより太っていることが好ましいと判断される社会もありますし、収入ではなく所有するラクダの数で経済力が計られる社会もあります。

すなわち、男性は自分の子孫をより多く残せるパートナーを求めて無意識に異性の健康さを "見かけ" で判断し、女性は自分が産んだ子を無事に育てられるようなパートナーの資質を "経済力" で判断しているということです。

他者の存在で好みが変わる!?

ただし、ヒトの配偶者選択の特徴として、文化の影響を強く受けることは否定できません。先ほどの例でも、男性が好む女性の見かけは太っている場合もあれば痩せている場合もあり、これも文化の影響でしょう。さらに、ヒトは他者の評価によって異性を見る目を変えることを示した実験もあります。

その実験は、2007年、イギリスでおこなわれました。まず、19〜23歳の女子大生たちに、別の大学で撮影した男女の顔写真を次々に見せ、各人をどの程度魅力的に感じるか評価させました。2週間後、同じ被験者に、前回評価した男性をもう一度評価してもらったのですが、研究チームはここでひねりをきかせました。1回目は男性が1人で写っている写真を使ったのに対し、2回目はほかの女性と一緒の写真を見せて評価してもらったのです。

結果は興味深いものでした。1回目で評価の低かった同じ男性が、"魅力的な女性と一緒に写っている" だけで評価が上がったのです。一緒にいる女性が魅力的でない場合や、男性の評価がもともと高かった場合には、結果に違いはみられませんでした。さらに、この変化を詳しくみると、1回目と2回目で評価を変えなかった女子大生のほうが、評価を変えた女子大生より性的経験が豊富であることがわかりました。つまり、性的経験が未熟な女性のほうが、異性の選択にほかの同性の評価の影響を受けやすいようなのです。すでにほかの女性が評価している男性なら安心とばかりに、その魅力がアップするのかもしれません。

好みを学習する動物もいる!?

他者の配偶者選択を真似ることを、一般に、「メイト・チョイス・コピーイング（mate choice copying）」といいます。じつは、この現象はヒト以外の動物でも知られています。

1999年にカナダの大学でおこなわれた、ウズラの実験を紹介しましょう[2]。この実験では、メスのウズラの配偶者選択が2つの異なる条件下でどう変わるか観察されました。図1のように仕切った中央の部屋にメスのウズラを入れ、その正面・左側・右側の部屋にはオスのウズラを入れます。メスの部屋からは正面の部屋のオスだけが観察可能ですが、仕切りをはずすと、メスは左右の部屋へ移動ができる（配偶者を選択できる）ようになります。

　第一の条件では、正面の部屋には胸の羽に青い丸印をつけたオスを入れ、左の部屋にも胸に青丸をつけた別のオス、右の部屋には赤丸をつけたオスを入れました。メスは青丸のついたオスを見せられた後、青丸と赤丸のオスのどちらかを選ぶことになります。この観察では、胸の色による好みの傾向はみられませんでした。

　第二の条件では、正面の青丸オスの部屋に別のメスを追加し、両者が仲むつまじくしている様子を見せました。すると、メスは右の部屋の赤丸を選ばずに、左の部屋の青丸オスを選ぶようになったのです。正面のオスとは別の個体であるにもかかわらず、"胸に青丸がついたオスがモテていた"現場を見て、"自分も青丸のついたオスをパートナーに選ぼう"という気になった、という説明ができます。

　自然界では繁殖して子孫を残さなければ絶滅の道が待っています。パートナーを選ぶときは慎重に、他個体の選択も参考にする……というレベルで考えれば、動物もヒトも大差ないのかもしれませんね。

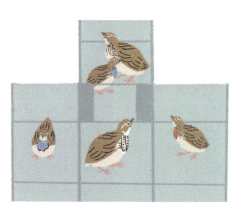

[図1　ウズラの配偶者選択実験。中央の部屋のメスは、正面の部屋のオス（あるいはオスとメス）を見せられる。その後、中央の部屋と左右の部屋（1羽ずつオスが入れられている）を隔てる仕切りがはずされる。中央のメスは左右どちらのオスを選ぶだろうか。]

[1] Waynforth, D. (2007), *Hum. Nat.*, **18**, 264-271.
[2] White, D.J. and Galef, B.G. (2000), *Anim. Behav.*, **59**, 975-979.

Q33. 異性の好みはどのように決まっているのでしょうか？
これがあればモテる！という遺伝子はありますか？

Chapter 4

「モテる遺伝子があったら…」と想像するのは楽しいですが、残念ながらそのような遺伝子は存在しないようです。異性の好みについて現時点でわかっているのは、"MHC"という遺伝子領域が影響を与えるということです。

MHCとは？

MHC（major histocompatibility complex）は主要組織適合遺伝子複合体と呼ばれるもので、ほとんどの脊椎動物が共通にもつ遺伝子です。ヒトのMHCはとくにヒト白血球型抗原（HLA）と呼ばれます。MHCからつくられるMHC分子は細胞膜に存在し、細胞内のさまざまなタンパク質の断片を細胞の表面に提示します。細菌やウイルスに感染した細胞は、その異物の断片をMHC分子に結合させて細胞表面に提示することができます。白血球はそれを目印にして感染した細胞を見つけ、排除するという仕組みがあるのです。

それぞれの個体は数種類のMHC分子を同時につくっています。各個人のMHCの遺伝情報を「型」とすれば、その型には膨大な種類があり、まったく同じ型をもつ人はまずいません。とはいえ、当然、親兄弟のもつMHCの型は他人とくらべると似ているので、血縁認知に利用可能です。

マウスはMHCの違いを嗅ぎ分ける

異性の好みとMHCの関係が最初に注目されたのは、1970年代のことでした。ある研究で、オスのマウスが自分と似ていないMHC型のメスと好んで交尾したがることが、偶然わかったのです。どうしてマウスにはMHCの型の違いがわかるのでしょうか。じつは、「MHCの型の違い」は、「尿や汗の匂いの違い」として現れます。その詳しい仕組みはわかっていません。可能性のひとつとして、MHCの違いが免疫応答の違いとなり、汗や尿に溶け出る細菌の種類が変わって、匂いの違いになるのではないか、という考えがあります。

その後、さらに実験が重ねられ、一般にマウスは自分の親と似ていない匂

いの異性を選んでいることがわかりました。マウスは幼いときに親の匂いを学習し、オトナになると、親と似た匂いの異性を避けて交尾相手を選んでいたのです。親は自分とMHCの半分を共有しますから、親と似ていない匂いの相手ならば、自分と似ていないMHCをもつ可能性が高い、というわけです。

どうしてこのような好みがそなわったのでしょうか。ひとつの仮説として、自分と似ていないMHCをもつ相手をパートナーに選べば、わが子により多様な免疫応答をさせられるからではないか、というものがあります。免疫応答の幅が広がった結果、多くの子が生き残った、つまり、多様なMHC遺伝子の組み合わせが進化の過程で有利に働いたのではないか、という考察です。

ヒトも匂いを嗅ぎ分ける!?

マウスでみられた「自分と似ていないMHCをもつ異性を好む傾向」や、「MHCの違いを匂いで嗅ぎ分ける能力」は、ヒトにもあるのでしょうか。

1995年、スイスの大学生を使って、それを確かめる実験がおこなわれました。まず、複数の男子学生たちにTシャツを配布し2日間着てもらい、各自の体臭がついた特製Tシャツを準備するところからスタートです。Tシャツを着ている間、男子学生には、タバコ、香水の使用やニンニクなど臭いの強い食事を禁止し、石鹸は無香料のものを使用するなど、余計な匂いがつかないように配慮してもらいました。次に、女子学生たちにそれらのTシャツの匂いを嗅いでもらい、それぞれの匂いの「強さ」「気持ちよさ」「セクシーさ」の3点を評価してもらいました。なお、実験に先立ち、男女とも被験者の学生全員のMHC型を調べておきました。その結果、女子学生は、MHCの型が自分と似ていない男子学生の匂いを、「いい匂い」で「セクシー」と評価したのです。これは、ヒトの女性もマウスと同じように、MHC型の違いの程度を匂いの違いとして嗅ぎ分ける能力をもち、MHC型の違いが大きい異性の匂いを好む傾向をもつことを示します。

ただし、経口避妊薬を服用中の女子学生は、反対に、自分と似た

MHC型の匂いを好むという結果が得られました。経口避妊薬は、妊娠中と同じホルモンバランスを保ち、排卵を抑制する薬です。このような結果が得られた理由はわかっていませんが、参考になりそうな現象がマウスでみられます。❹マウスは、血縁個体と共同で子育てをするので、妊娠すると血縁個体の匂いを好むようになるのです。ただし、女子学生の好みの変化と、マウスの実験結果に関係があるかどうかは不明です。

ヒトは実際に結婚相手をMHC型で選んでいるか？

　ヒトのMHC型にもとづく異性の好みは、結婚相手の選択にどれほどの影響をおよぼしているのでしょうか。強い影響をおよぼしているなら、夫婦のMHC型は互いに似ていない傾向があると予測されます。実際に、夫婦のMHC型を調べた研究者が世界の3地域にいました。彼らの研究結果を紹介しましょう。まず、北米・カナダで聖書にもとづく共同生活を営む「ハテライト」という集団についての研究です。彼らの場合、夫婦のMHC型は似ていませんでした。❺一方、南米の先住民族では、夫婦のMHC型の類似性はランダムで、似ているとも似ていないともいえません。❻同様に、日本の夫婦でも、MHC型の類似性はランダムでした。❼

　これらの結果をみると、結婚相手の選択にMHCの影響は少ないように思えます。これは、ヒトが結婚相手を、生物学的な直感や好みだけでは選んでいないからだと思われます。結婚相手にはセクシーさのような性的魅力だけでなく、経済力や学歴など、さまざまな要素を求めるのがふつうです。「恋愛と結婚は違う」ともいわれます。結婚するかどうかは別にして、少なくとも、「理由はわからないけれど、この人と一緒にいるのは幸せだなあ」と思える相手は、無意識に匂いで嗅ぎ分けた、自分とは違うMHC型をもつ人かもしれませんね。

❶ Yamazaki, K., *et al.* (1976), *J. Exp. Med.*, **144**, 1324-1335.
❷ Yamazaki, K., *et al.* (1988), *Science*, **240**, 1331-1332.
❸ Wedekind, C., *et al.* (1995), *Proc. R. Soc. B*, **260**, 245-249.
❹ Manning. J. O. *et al.* (1992), *Nature*, **360**, 581-583.
❺ Ober, C. *et al.* (1997), *Am. J. Hum. Genet.*, **61**, 497-504.
❻ Hedrick, P. W., and Black, F. L. (1997), *Am. J. Hum. Genet.*, **61**, 505-511.
❼ Ihara, Y., *et al.* (2000), *Anthropol. Sci.*, **108**, 199-214.

Q34. 霊長類は、より多くの子孫を残すために、オスどうしで競争をするのでしょうか？

Chapter 4

　生物にとって子孫を残すことは重要な目標です。オスもメスも、子を残すために配偶者を得なければなりませんが、一般に、配偶者獲得のための競争はメスよりオスのほうが激しくなります。それは、卵にくらべて精子がはるかにたくさんつくられるからです。メスは何頭と交尾しても、自分がつくった卵の数以上の子を残すことはできませんが、オスは多くのメスと交尾すれば、それだけ多くの子を残せる可能性が増します。そのため、オスどうしの競争が生じるのです。霊長類にも子孫を残すためのオスどうしの競争がみられ、大きく3つのタイプに分けられます。

交尾するまでの競争

　まず、メスを獲得して交尾するまでの競争があります。この競争が激しい種では、オスの体は同種のメスより大きくなり、オスがメスより大きな犬歯をもつ傾向がみられます。たとえばゴリラは、大きくて強いオス1頭が、多数のメスと暮らす「ハーレム」をつくります。成熟したオスのゴリラは体重がメスの2倍にもなり、植物食であるにもかかわらず、肉食獣のような立派な犬歯をもちます。また、チンパンジーの配偶システムは、複数のオスとメスが群れで生活し、特定のパートナーをもたない「乱婚」です。チンパンジーのオスの体重はメスの1.3倍あり、ゴリラ同様、オスはメスにはない発達した犬歯をもっています。つまり、オスどうしの競争がある程度激しいと推測できます。

　一方、霊長類の中でも、「一夫一婦制」で知られるテナガザルでは、配偶者獲得のためのオス間競争が激しくないため、オスとメスに体格差はなく、犬歯もオスが若干長い程度で目立った違いはありません。ヒトも男女の体格差は1.1倍程度と小さく、200万年前の化石人類のホモ属でも犬歯に性差はありませんでした。これらのことから、交尾までのオスどうしの競争は、人類進化の早い段階から、ゴリラやチンパンジーほど激しいものではなかったと考えられています。

　では、ヒトとチンパンジーの共通祖先ではどうだったのでしょうか。残念

ながら、共通祖先からの進化の道筋を完全に追えるほど、多くの化石は見つかっていません。このため、男女の体格差や犬歯サイズの縮小がいつ起きたかという疑問には、まだ明確な答えがないのが現状です。

精子競争

ところで、メスを獲得し交尾できたとしても、その前後にほかのオスがそのメスと交尾した場合には、メスの体内で精子競争が生じます。チンパンジーやボノボなど、群れで生活し、発情したメスが複数のオスと交尾する乱婚の霊長類のオスは、ヒトと違って睾丸が非常に大きく発達しています。これは、より射精量の多いオスのほうが子孫を残すのに有利だからだと考えられています。大きな睾丸で大量に精子をつくって1回の射精量を増やし、ライバルより自分の精子が受精する確率を高めているのでしょう。

また、精子競争の激しい種では、精子そのものの形に、より受精しやすい特徴がそなわっています。たとえば、尾部が長い精子はより運動性が高いと考えられています。霊長類ではありませんが、アカネズミの精子は非常に特徴的で、精子の先端がフックのような形をしています。精子競争が激しいため、同時に射精された多数の精子が連結して泳ぐことで、移動を速めているのでしょう(図1)。

子どもが生まれた後の競争

子孫を残すためのオスどうしの競争の3つ目は、子どもが生まれた後に起こります。その一例は"子殺し"という形で表れます。これについては、次のQ35で詳しく紹介しましょう。

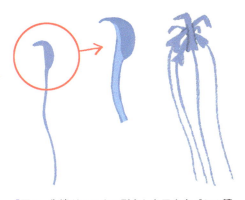

【図1 先端がフックの形をしたアカネズミの精子(左図)。同時に射精された多数の精子が連結し、移動スピードを高めている(右図)。他個体の精子との競争が激しいためにそなわった特徴と考えられる。】

Q35. オスどうしの繁殖競争としての"子殺し"は、ヒトに近い霊長類でもありますか？ メスは抵抗しないのですか？

　動物界での"子殺し"は、群れを乗っ取ったオスが、そのとき群れにいた他個体の子を殺す行動です。ライオンなどで知られていますが、じつは、動物界ではじめて観察された"子殺し"は野生の霊長類によるものでした。

ハヌマンラングールの子殺し

　インドにハヌマンラングールというサルがいます。ハヌマンラングールの社会では、オスが多くのメスを所有するハーレムをつくります。若いオスは、ハーレムをもつ別のオスに攻撃をしかけ群れの乗っ取りに成功すると、その時点で群れのメスが抱えている乳児をすべて噛み殺してしまいます。とてもショッキングで残虐な行動にみえますが、彼らの社会においては有力な戦略です。オスが群れのトップに君臨できるのはせいぜい2年程度なので、メスが今抱えている乳児を育てあげて次の発情を迎えるのを待っていては、自分の子孫を残せません。子殺しは、自然界の厳しい現実なのです。
　この事例は、1965年に京都大学の杉山幸丸博士によって報告されました[1]。その後、ライオンやほかのサルでも子殺しが知られるようになりました。

メスの対抗戦略

　子殺しは、オスにとっては自分の子を残すために必要な行動ですが、せっかく生んだ子を殺されてしまうメスの立場はどうなのでしょうか。霊長類のメスは、生まれた子に授乳している間は原則的に発情しません（ヒトは例外です）。哺乳類のメスは、妊娠、出産という大仕事を経て生んだ子どもを大切に育てます。メスにとっては、せっかく生んだ子を殺される事態は避けたいはずですが、体格で勝るオスから子を守るのは困難です。そこで、子殺しへの対抗戦略と考えられる隠れた行動や生理現象が生まれました。
　たとえば、動物のメスはふつう排卵前後の短い妊娠可能期間に発情し、交尾します。ところが、チンパンジーのメスでは、発情期間が排卵日をはさんで2週間程度と長く、その間、群れにいる多くのオスと交尾します。これは生まれた赤ん坊が自分の子かもしれないと多くのオスに思わせ、子殺しを

防ぐメスの戦略ではないかと考えられています。ただ、メスがこのような行動をしても、チンパンジーのオスによる子殺しはあり、その理由は不明です。

ブルース効果

もうひとつ、2012年に報告されたエチオピアのゲラダヒヒの例を紹介しましょう。野生のゲラダヒヒは1頭のオスと多数のメスからなるハーレムで暮らしており、オスが交代すると子殺しが起きます。図1は、通常期・オスの交代直後の半年間・その次の半年間という3つの時期にハーレムで生まれた子の数を調べたものです。グラフから、オスが交代した直後の半年間に生まれる子が激減し、次の半年間に生まれる子は通常の倍に増えていることがわかります。これは、オスが交代した時点で妊娠中だったメスが妊娠を中断し、生んでも殺されてしまうだろう子の出産を免れるとともに、できるだけ早く新しいオスと交尾できるように適応した結果と考えられます。子殺しを避けられないゲラダヒヒのメスは、行動ではなく体の仕組みを変化させ、新しくハーレムの主となったより強いオスの子を残しやすくなったのでしょう。

妊娠中のメスが胎児の父親でないオスと一緒にされると流産してしまう現象は、「ブルース効果」と呼ばれます。この現象は、実験室で飼育されたマウスで生じることが50年以上前から知られていましたが、野生での観察例はありませんでした。ゲラダヒヒの例は、ブルース効果が野生で見つかった初めての例として注目されました。

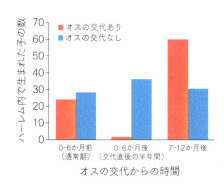

【図1 ゲラダヒヒのハーレムにおける、オスの交代からの時間と生まれる子どもの数の関係。赤はオスの交代があったハーレムにおけるデータ、青はオス交代がなかったハーレムにおけるデータ。青のデータから、オス交代がないハーレムでは、時期によらず30-40頭ほどの子どもが生まれていることがわかる。一方、オス交代があったハーレムでは、交代直後の半年間に生まれる子どもが激減し、その次の半年間で通常期の倍の子どもが生まれた。】

❶ Sugiyama, Y. (1965), *Primates*, **6**, 381–418.
❷ Roberts, E.K. *et al.* (2012), *Science*, **335**, 1222–1225.

Q36. ほかの霊長類の仲間とヒトの出産には、違いはありますか？

　出産という観点でヒトとほかの霊長類とをくらべてみると、ヒトの特徴がいくつも見つかります。たとえば、「難産」であること、新生児の「体脂肪」の比率が高いこと、新生児が大きな「産声」をあげることなどがあげられます。これらの特徴は、進化の過程でヒトが直立二足歩行をするようになったこと、そして脳が大きくなったことと深い関係があるようです。

難産はヒトの宿命？

　ヒトはほかの霊長類にくらべてきわめて難産です。その証拠に、ヒトの女性は出産が原因で亡くなることも珍しくありません（医療が発達していなかった近代までは、若い女性の死亡原因のトップは出産でした）。チンパンジーなどヒト以外の霊長類の出産はずっと楽で、メスはふつう誰の助けも借りずに独力で赤ん坊をとりあげることができます。ヒトのお産は時間もかかり、妊婦の負担も大きいので、介助なしで出産するのはきわめて困難です。ヒトの難産のおもな要因は、直立二足歩行に適した身体のつくりと、脳（頭）の大きさと考えられています。

　進化の過程で移動様式を四足歩行から直立二足歩行に変更した人類は、それに伴い、身体構造も大きく変化させました。直立姿勢を可能にするため、重力によって下がってくる内臓を骨盤と筋肉で支えるようになったのです。そのためヒトの骨盤は、全体が横長（体の左右方向に長い）で下部が狭まったすり鉢状であるという、ほかの動物にはみられない特徴をもつようになりました。また、分娩の際に胎児が通る産道も、直立二足歩行の影響でヒトだけが途中で曲がっているうえ、入口は横長、出口は縦長と複雑な構造をしています。そのため、胎児は頭の向きを回転させながら産まれてきます。

頭の大きな赤ん坊

　骨盤や産道の構造が複雑で狭くなったとしても、そこを通る胎児の頭が小さければ問題はありません。ところが、霊長類の多くは産道よりも胎児の頭が十分小さいのに対して、ヒトでは両者がほぼ同じ大きさです（図1）。ヒ

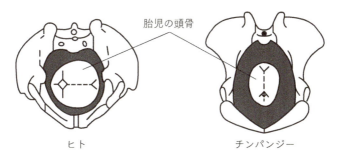

【図1　ヒト（左）とチンパンジー（右）の母親の骨盤と胎児の頭骨。ヒトでは、胎児の頭骨が骨盤を通れるギリギリの大きさなのに対し、チンパンジーでは余裕がある。奈良（2012）をもとに作成】

トの胎児は、通過できるぎりぎりの大きさの産道を、姿勢を変えながら通らなければならないのですから、難産になるのも当然といえます。

　骨盤はいくつかの骨が強固に連結してできています。女性は出産の際、これらの骨を結合している一部の靭帯をゆるめ、頭の大きな赤ん坊が少しでも通りやすくなるよう、骨盤を広げています。胎児のほうも、完全にはくっついていない頭蓋骨を部分的に少しスライドさせて、産道を通り抜けやすくなるように頭を小さくしています。なお、出産時に骨盤をつなぐ靭帯の一部がゆるむ現象はほかの霊長類でもみられます。

体脂肪率が高い赤ん坊

　次に、新生児の体脂肪率の高さについて考えましょう。ヒトの新生児の体脂肪率は14％くらいですが、チンパンジーの新生児は4〜6％くらい、ニホンザルも4％程度です。ヒトの赤ちゃんはほかの霊長類にくらべ、明らかに体脂肪が多いのです。これも、ヒトの脳が大きくなったことと関係しているようです。

　一般に、霊長類の赤ん坊は、脳が成体のほぼ半分程度の大きさにまで成長した状態で産まれます。チンパンジーは少し小さめですが、それでも、成体の脳の容量が約400 ccであるのに対し、新生児は150 cc程度で4割弱はあります。ヒトの場合はというと、成体の平均脳容量が1350 ccであるのに対して、新生児は約400 ccで、成体の3割弱しかありません。しかし、ヒトではこれが骨盤で囲まれた産道を通過できるギリギリのサイズなのです。つ

まり、ヒトは本来ならもっと脳が大きくなるまで母体の中で成長してから産まれるべきものを、産道のサイズという制約があるため、ほかの霊長類にくらべて生理的に未熟な状態で産まれてくるというわけです。この遅れを取り戻すため、ヒトの赤ちゃんの脳は、生後約10か月間は急激に成長します。

　ヒトの新生児はきわめて「未熟」な状態で産まれるので、出生直後から手厚い世話を必要とします。体脂肪率が高いのは、この未熟さのためかもしれません。うっかり放っておかれたら急速に弱ってしまうので、体脂肪として少しでも栄養を蓄えているのではないか、また、体毛がない身体を保温するためにも体脂肪率が高いのではないか、と考えられています。

産声をあげる赤ん坊

　最後は、新生児があげる産声についてです。ヒトの赤ちゃんが大声で泣くのは、胎児のとき母親の胎盤を通して酸素を得ていたものを、自分の肺を使った呼吸に切り替えるためだといわれています。しかし、ほかの哺乳類の赤ちゃんは大声を出さなくても自然と肺呼吸をはじめられますし、じつは、ヒトの赤ちゃんも大声で泣かずに肺呼吸をはじめる場合もあるのです。

　新生児が大声で泣いたらすぐ捕食者に見つかってしまうかもしれないので、大声は生存に不利に働きかねません。どうしてヒトの新生児だけが大きな産声をあげるようになったのか、その理由はよくわかっていません。ただ、きわめて未熟な状態で産まれてくるヒトの場合、泣かない赤ちゃんより大声で泣く赤ちゃんのほうがオトナの世話を受けやすく、進化の過程で適応的であったということなのかもしれません。

　ここまでみてきたように、ヒトの出産はほかの霊長類にはみられない特徴をそなえています。難産であったり、未熟な状態の赤ん坊を出産したりという特徴は、生存上の大きなデメリットになったはずです。しかし、人類はそれを受け入れる進化を遂げてきました。おそらく、直立二足歩行と大きな脳を獲得するメリットが、出産にともなうデメリットを上回っていたのでしょう。

❶奈良貴史（2012），『ヒトはなぜ難産なのか─お産からみる人類進化』岩波書店．

Q37. ヒトとほかの動物では、子育てのしかたにどんな違いがありますか？

　ヒトの子育ての特徴は、長い子育て期間、言語習得・社会的学習の重要性、協同繁殖などいろいろあります。なかでも、協同繁殖は動物界においてたいへん珍しい子育て方法で、ヒトのように、母親ひとりでは子育てができず、親以外のオトナが母親をサポートする動物は限られます。また、協同繁殖をするその他の動物とくらべても、ヒトの子育てには大きな特徴があります。

おばあさんがヘルパー

　ヒトの赤ちゃんはほかの動物にくらべてとても未熟な状態で産まれ、一人前になるまでに長い時間がかかります（Q38参照）。たとえば、ヒト以外の哺乳類はふつう、離乳するとすぐオトナが食べている物を食べるようになりますが、ヒトは母乳から「離乳食」を経て普通食に移行します。ほかの動物ならエサを運んで与えればすむのに対して、ヒトの赤ちゃんには食事をすりつぶしたり砕いたり、食べやすく加工してから与えなければなりません。さらに、普通食に移行した後も何かと親の世話が必要です。

　この長期にわたる子育てで、母親にかかる負担を減らすために、おばあさんによる手伝いが重要だったとする「おばあさん仮説」というものがあります。動物界でも協同繁殖はみられますが、ヘルパー役を担うのはふつう娘や息子（育てられる子の姉や兄）です。閉経した後のメスが長く生き、おばあさんとしてヘルパーになる種は、ヒト以外にほとんどありません。野生のチンパンジーの群れにも繁殖を終えたと思われる高齢のメスがいますが、積極的に子育てを手伝ったりしません。おばあさんの活躍はヒトの子育ての特徴といえそうです。

父親の参加

　もちろん、ヒトの子育てには父親もかかわります。ヒト以外の哺乳類でも、タヌキやマーモセット、タマリンなどの父親はよく子の世話をすることが知られています。

　マーモセットの子育て中のオスについて、興味深い報告がなされていま

す。子育て中のオスの血液を調べたところ、一部のホルモンの濃度に変化が観察されました。変化したホルモンのひとつは性行動を促進するテストステロンで、子育てしていない時期よりも濃度が下がっていたのです。その一方で、プロラクチンの濃度は高まっていました。プロラクチンは、メスでは母乳の分泌を促進するホルモンで、オスでも子育て行動を促進する働きがあるかもしれないことが報告されています。

マーモセットのオスの性行動と子育ては、ホルモンによって、一方が促進されると他方が抑制されるという、シーソーのような関係になっているようです。ヒトでも、育児に積極的に参加している父親ほど、テストステロンの濃度が下がり、プロラクチンやオキシトシンというホルモンの濃度が高まっていることが知られています。オキシトシンについては、マーモセットに投与すると、子に食べ物を与える頻度が増加することが確かめられています。

ヘルパーによる教育――ミーアキャットの例

協同繁殖で母親以外の個体が子の"教育"をおこなう点も、ヒトの子育ての特徴です。ただし、ヒトと同じように"協同繁殖"と"教育"をすることで知られる動物もいます。愛くるしい姿が人気のミーアキャットです。

ミーアキャットはサソリを食べますが、その毒針をつぶして安全に食べる方法は、オトナが子どもに教えることで伝わっています。ただ、教えるのは母親ではなく、ヘルパーです。ここで、ミーアキャットのヘルパーによる「サソリの食べかた教授法」を簡単にご紹介しましょう（図1）。

ヘルパーは、最初の段階ではサソリを殺して子に渡します。第二段階では、サソリの毒針の部分だけを噛みちぎり、危険ではない状態で生きたサソリを子のもとにもっていきます。子は、逃げるサソリを相手に狩りの練習をします。最後の段階で、毒針をもつふつうの生きたサソリをもっていきます。成長した子は、毒針を避けてサソリを狩る段階に達しており、無事にサソリを食べることができます。

ヒトとミーアキャットの協同繁殖の違い

このようにヘルパーが教育をおこなうことで母親の負担を減らしているミーアキャットの協同繁殖は、なんだかほほ笑ましく思えますが、実態は甘いものではありません。ミーアキャットは母親を中心とした群れをつくり、母

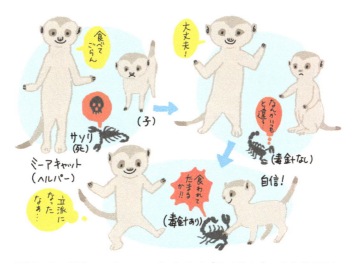

【図1　ミーアキャットのヘルパーによる「サソリの食べかた教授法」。第一段階では、殺したサソリを渡して食べさせる。第二段階では、生きたサソリの毒針を嚙みちぎって渡す。第三段階（最終段階）では、毒針をもつ元気なサソリを与える。】

は娘をヘルパーとしてこき使います。しかも、娘が性的に成熟したり妊娠したりすると、群れから追い出したり、ストレスをかけて流産させてしまったりするのです。さらに、娘が出産した場合は、自分の孫である娘の子を殺してしまいます。一度、母親という群れのリーダーポジションについたメスは、死ぬまでその地位を守り、娘たちの繁殖を許さず、自分の子育てのヘルパーとしてこき使い続けるわけです。

　このように、ひとくちに協同繁殖といっても、ヒトは母親が娘の子育てを手伝い、ミーアキャットは母が娘の繁殖を邪魔するという正反対のことをしています。ヒトの子育ての特徴をほかの動物と比較して考えるときには、たとえば「協同繁殖」という言葉でひとくくりにして考えるのではなく、中身の違いまで検討することを忘れてはいけません。

❶ Williams, G.C. (1957), *Evolution*, **11**, 398–411.
❷ Saltzman, W., and Ziegler, T.E. (2014), *J. Neuroendocrinol.*, **26**, 685–696.
❸ Roberts, R.L. *et al.* (2001), *Horm. Behav.*, **39**, 106–112.
❹ Saito, A., and Nakamura, K. (2011), *J. Comp. Physiol. A*, **197**, 329–337.

Q38. ヒトの赤ちゃんの成長は、チンパンジーとくらべると速いでしょうか、それとも遅いでしょうか？

Chapter 4

　ヒトはチンパンジーよりも寿命が長く、絶対的にも相対的にも成長は全体に「間延び」しています。つまり、ヒトではチンパンジーにくらべてオトナになるまでの成長の期間が長いのです。ただし、頭の大きさだけは例外で、絶対的にも相対的にも急速に成長することが知られています。両者の違いをくわしくみながら、その違いが生じた理由を考えてみましょう。

ヒトの成長の特徴

　図1に、ヒトとチンパンジーの成長パターンの違いを示しました。それぞれの年齢での体重の増加速度のデータです。ヒトとチンパンジーでは、生後1年間の成長に大きな違いがあることがわかります。この期間、ヒトは急激に体重を増やすのです。部位別の成長率も知られていて、この時期のヒトの体重増加は、おもに頭部の成長によります。1～5歳の期間の成長速度は、ヒトとチンパンジーで大きな違いはなく、両者とも比較的ゆっくりと体重を増やしていきます。5歳を過ぎたあたりで、チンパンジーは急激な成長をはじめ、およそ8歳でピークを迎えるまで、成長は加速し続けます。その後、チンパンジーの成長速度は衰えていき、15歳になるまでには成長しきってしまいます。ヒトにもチンパンジーと同様の急激な成長期が訪れますが、そのはじまりは10歳頃です。およそ15歳で成長速度のピークを迎え、その後は速度が落ちていくものの、

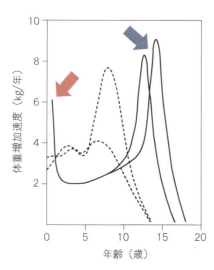

【図1　ヒトとチンパンジーの体重増加速度（kg/年）の変化（実線：ヒト、破線：チンパンジー）。赤矢印は1回目の急速な成長を、青矢印は2回目の急速な成長を示す。】

20歳くらいまでは成長が続きます。

　以上から、"生後直後"と"10〜15歳あたり"の2回、急激な成長期を迎えるというヒトの特徴が見て取れます。また、おおざっぱには、1回目（生後直後）は頭部の成長期で、2回目（10〜15歳）は体の成長期といえます。

体より頭を優先する成長戦略

　それでは、ヒトがこのような成長をするようになったのは、なぜなのでしょうか。「脳の大型化」と「学習」という要因が重要だった、という考えかたがあります。離乳（2歳くらい）してからオトナになるまでの期間で、ヒトはさまざまなことを学習していきます。体のほかの部位に先駆けて脳の大型化を達成し、多くの学習が可能な期間を担保しておくことが重要だったのかもしれません。

　しかし、体の成長に先駆けて脳だけを大型化することには問題もあります。というのも、親はしばらく未熟なままでいる子を保護・教育する必要があり、育児のためのコストが大きいからです（Q37参照）。また、"燃費の悪い"（ほかの臓器とくらべて、重量あたりのエネルギー消費量が大きい）臓器である脳を優先的に大きくするという成長には、エネルギーの面からもやはり大きなコストがかかります。ヒトとほかの動物とを比較すると、子が成長するのに必要なコストは、ヒトのほうが明らかに大きいのです。しかし、このようなコストを引き受けてもなお、脳を優先する成長戦略のメリットが大きかったのでしょう。

「おばあさん仮説」とは

　このようなコストの問題は、どのように解決されているのでしょうか。これを考えるヒントが、ヒトの各成長段階の長さにあります。ヒトとチンパンジーの生活史を比較した図2を見てください。両者の大きな違いのひとつは授乳期間の長さで、ヒトではかなり短く、子が未熟なうちに授乳は終わってしまいます。したがって、子育てのコストが解消されないまま次の子が産まれてくる、という状況もヒトでは珍しくありません。また、生殖期間を過ぎてからの（子を産めない）期間が、ヒトはチンパンジーよりもかなり長いこともわかります。これら2つの違いは何を意味するのでしょうか。

　ひとつの可能性として、おばあさんなど、両親以外の人が子育てに参加す

ることに多くのメリットがあるのではないか、ということが考えられます。上に述べたように、ヒトでは、先に産まれた子どもが十分成長するより先に次の子どもが産まれてくることがあり、この場合、親は同時期に2人分の子育てのコストを負担しなければなりません。しかし、すでに子育てを終えた周囲の人（たとえば、祖母）が子育てに参画することによって、親の子育てのコストを分散できるというわけです。このような説を「おばあさん仮説」といいます。子どもを産み育てる女性（メス）を軸に考えているため「おばあさん」と呼んでいます。野生動物では、離乳するときにはオトナに近い状態であることがほとんどで、逆にいうと、先に生まれた子がオトナになるまでつぎの子を産むことはありません。そのため、おばあさんがいたとしても、親の子育てのコストが減ることはないのでしょう。ヒトだけが、子ども時代が長く、また子育てを終えてからの期間も長いという、特殊な生活史戦略をもつように進化を遂げてきたようです。そのため、ヒトでは、おばあさんの存在はとても重要な意味をもつのです。

ヒトの頭の急激な成長と、ヒトの成長の各段階の長さから、ヒトが独自に獲得してきたであろう「家族内での世代を超えた子育て協力体制」まで想像できてしまう。こういったおもしろさも、人類学の醍醐味のひとつです。

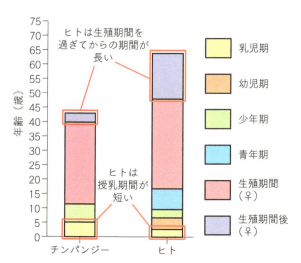

[図2　ヒトとチンパンジーの授乳期間と生殖期間後の期間の比較]

❶ Zollikofer, C.P.E., and de Leon, M.S.P. (2010), *Semin. Cell Dev. Biol.*, **21**, 441-452.
❷ Bogin, B. (1999), *Patterns of Human Growth 2nd ed.*, Cambridge Univ. Press.

Q39. ヒトの祖先の婚姻システムはどのようなものだったのでしょうか？

　ゲノム解析が進み、人類がたどってきた進化の過程が少しずつわかってきました。しかし、ゲノム情報から祖先の婚姻システムを推測することは可能なのでしょうか。ここで注目するのは、男女それぞれが独自にもつY染色体とミトコンドリアDNA（mtDNA）のゲノム情報の比較です。まず、この2つがどのようなものかおさらいしておきましょう。

父系遺伝するY染色体と母系遺伝するミトコンドリアDNA

　生物学的な性別を決める染色体を「性染色体」といいます。ヒトは46本の染色体をもちますが、そのうち2本が性染色体です。ヒトの性染色体にはX染色体とY染色体の2種類があり、2本の組み合わせによって性別が決まります（XとXをもつと生物学的に女性、XとYをもつと男性となり、YとYという組み合わせはありません）。言いかたを変えると、世のすべての男性はY染色体をもっており、これは代々父親から受け継がれてきた（父系遺伝した）ということです。

　細胞の中には、ミトコンドリアという細胞内小器官が1～数千個存在します。ミトコンドリアは、性別にかかわらずすべてのヒトがもつものです。ただし、受精のとき、精子のミトコンドリアは卵の中には入らず、結果的に受精卵は、卵がもっていたミトコンドリアをそのまま受け継ぐことになります。つまり、ヒトは代々母親からミトコンドリアを受け継いできた（母系遺伝した）ということです。このミトコンドリア内には、核内のDNAとは別に、独自のDNA（ミトコンドリアDNA）が存在します。

　父系遺伝するY染色体と母系遺伝するミトコンドリアDNA（mtDNA）があることがわかりました。では次に、この2つを比較することで何がわかるか考えてみましょう。

夫方居住か妻方居住か

　スタンフォード大学の研究者たちが、ヨーロッパのヒト集団についてY染色体どうし、mtDNAどうしを比較することで、父系および母系の集団間

の遺伝距離（ある集団と別の集団とが遺伝的に近いか遠いか）を調べました[1]。この研究によると、ヨーロッパのヒト集団では、Y染色体の情報から計算した集団間遺伝距離のほうが、mtDNAの情報から計算した集団間遺伝距離よりも大きいという結果が得られました。研究チームは、この2種類の遺伝距離の差が生まれたのは、婚姻システムにおいて男女差があったため、と考えました。すなわち、男性は所属集団内で交配を繰り返し、女性は生まれた集団とは別の集団内で交配したとすれば、このような遺伝距離の差が生じるというのです。つまり、Y染色体とmtDNAにみられる集団間の遺伝距離の差は、男性のもとへ女性が嫁ぐという文化を反映していると考えられます。

ところで、男性が生まれた土地にとどまり、男性の系統で財産を継承することを「夫方居住」といいます。夫方居住とは逆に、女性が生まれた土地にとどまり、男性の集団移動の頻度が高い婚姻システムは「妻方居住」です。世界規模の調査で、現代のヒト社会においては、日本でも一般的な夫方居住が圧倒的に多数であることが示されています。

上記のスタンフォード大学のチームが提唱した仮説を検証するには、逆の婚姻文化をもつ集団では、逆の遺伝距離が生じることを示す必要があります。つまり、妻方居住の文化では、Y染色体で遺伝距離が小さく、mtDNAで遺伝距離が大きい傾向がみられるはずです。ドイツのマックスプランク進化人類学研究所のチームは、これを検証するために、タイ北部の山岳少数民族を対象に研究をおこないました。この民族の中には、夫方居住の部族と妻方居住の部族がいくつかずつ混在しています。これらの部族でそれぞれY染色体とmtDNAの遺伝距離の比較をしてみると、みごとに夫方居住と妻方居住のデータは逆のパターンを示しました[2]。

以上のように、集団間の婚姻を介した男女の移動とY染色体およびmtDNAの遺伝距離には相関関係がみられます。したがって、これが婚姻システムを推測するための材料になるかもしれません。

一夫多妻から一夫一妻へ

世界的に、一夫多妻制と一夫一妻制という2つの婚姻システムのうち、現代社会では前者が圧倒的に多くみられます。一夫多妻制を長く採用している社会と一夫一妻制の社会とで、集団内のY染色体の多様性にどのような差が生じるか考えてみましょう。一夫多妻制の社会では、同じ男性のY染

色体を多数の子が受け継ぐことになるため、集団内における Y 染色体の多様性は低くなります。逆に、一夫一妻制の社会では、1 人の男性の Y 染色体を受け継ぐのはせいぜい数人の子なので、Y 染色体の多様性は一夫多妻制の社会にくらべて高いはずです。

　ケンブリッジ大学の研究チームは、東アジアを中心とした地域に現在住んでいる人々の Y 染色体の大規模な調査をおこないました。すると、ごく限られた Y 染色体のタイプとそれから派生したタイプが圧倒的多数を占め、さまざまな地域の民族に分布していることが明らかになったのです。この結果について、研究チームは以下のような解釈をしました。東アジアの歴史上のある時期、強大な力をもつ特定の男性の系統が、一夫多妻制の婚姻システムを背景に、非常に多くの子孫を残し、しかもその子孫はユーラシア大陸の東側全体に拡散した、というのです。さらに、特定の Y 染色体が広まった時期がほぼ重なるという理由から、彼らはその強大な力をもつ男性をチンギス・ハンかその祖先と推定しています。

Y 染色体と mtDNA から見えてくること

　ここまで紹介してきたように、現存の Y 染色体および mtDNA の遺伝距離や多様性の分析によって、男女の移動度の違いや婚姻システムなどを推測しようという試みがなされています。このようなアプローチを古人骨 DNA（Q46 参照）に応用すれば、その当時の家族構造、社会構造を復元できるかもしれません。たとえば日本では、縄文時代の複数の遺跡で得られた mtDNA と弥生時代の mtDNA の分析がおこなわれました。国立科学博物館の研究チームは、縄文時代の遺跡集団内の mtDNA の多様性が著しく低かったことを報告しています。縄文時代の日本はもしかしたら、妻方居住型の社会だったのかもしれません。しかし、古代 DNA の場合、核内の DNA の分析が mtDNA 分析より困難なため、Y 染色体のゲノムデータが得られにくいなどの課題があります。古代 DNA を使って Y 染色体の分析ができるようになれば、この仮説を検証できるでしょう。

---

[1] Seielstad, M.T. *et al.* (1998), *Nat. Genet.*, **20**, 278-80.
[2] Oota, H. *et al.* (2001), *Nat. Genet.*, **29**, 20-21.
[3] Zerjal, T. *et al.* (2003), *Am. J. Hum. Genet.*, **72**, 717-21.
[4] Shinoda, K., and Kanai, S. (1999), *Anthropol. Sci.*, **107**, 129-140.

Q40. 大昔の人類の母親は、生涯で何人くらいの赤ん坊を産んだのでしょうか？

Chapter 4

　母親が一生のうちに産む子の数は、①出産可能な期間、②妊娠期間、③1回の出産で産む子の数、④授乳期間という4つの要素が関係します。化石人類の女性が一生のうちに何人の子どもをもうけたかを知るには、この4つの情報を得られればいいわけです。しかし、これらの要素には、化石からある程度推測できるものと難しいものがあります。そこで、化石から得られる情報に現生のヒトと類人猿の情報を加えて、化石人類の特徴を推測するというアプローチが考えられます。現世の類人猿とヒトで似ている点とそうでない点を整理することにより、化石には残らなかったヒトの祖先の性質を推測するのです。

ヒトとチンパンジーの比較

　①出産可能な期間に関しては、ヒトとチンパンジーについてある程度確かなことがいえます。まず、ヒトの女性は12歳頃に出産可能となり、50歳くらいで閉経を迎えます。一方、チンパンジーには閉経がなく、およそ13歳で出産可能となって以降、最大寿命の40～50歳までは妊娠可能と考えられています。出産可能な期間の長さは、ヒトでは約40年間、チンパンジーでは30～40年間です。両者に大きな差はありません。したがって、共通祖先の頃から人類の系統でも類人猿の系統でも大きな変化はなかった、という推測が可能です。

　②妊娠期間や③1回の出産で産む子の数について、残念ながら、化石からはほとんど情報が得られません。しかし、どちらの要素もヒトとチンパンジーで大きな差がないことから、共通祖先からあまり変わっていないと推測できます。

　④授乳期間がなぜ重要かというと、その期間は新たな妊娠をしないためです。授乳期間に関して、子が離乳する時期を歯のエナメル質から推測した研究があります。❶歯のエナメル質は年輪状に積層されていくため、食べ物の変化によりその組成が変わることがあります。そこで、母乳にわずかに含まれるバリウムという元素（元素記号：Ba）がエナメル質にどのように蓄積し

ているかを調べることで、母乳を飲んでいた時期を推測できるというわけです。この方法で、ネアンデルタール人の授乳期間が1年2か月と推測されています。観察結果からは、現在のヒトとチンパンジーの授乳期間はそれぞれ1～2年と5年と見積もられており、かなり差があります。そのため、ヒトとチンパンジーの比較から、共通祖先や化石人類の授乳期間がどのくらいの長さだったかを正確に推測することは困難です。今後の研究の発展によって、化石から新たな知見が得られるかもしれません。

授乳期間が短く多産なヒト

以上の①～④について、ヒトとチンパンジーの情報をまとめると、表1のようになります。おもに授乳期間の長さの違いにより、チンパンジーよりも短い期間で次の子を産めるようになるヒトのほうが、出産の最大数は多いと考えられます。授乳期間については、さらに現生のほかの類人猿とも比較可能です。たとえば、オランウータンでは7年、ゴリラでは4年と知られており、ヒトが極端に短いことがわかります。このことから、授乳期間が長いことは類人猿に共通した特徴で、ヒトのみが進化の過程で短い授乳期間を獲得したと考えられます。したがって、ヒトの祖先がチンパンジーとの共通祖先から分岐した直後は、ほかの類人猿と同様に授乳期間が長く、あまりたくさんの子は残さなかったかもしれません。その後、なんらかの理由で人類の系統で授乳期間を短くする進化がおき、よりたくさんの子どもを残せるようになっていったのでしょう。

【表1　ヒトとチンパンジーの出産に関するデータの比較。】

子どもの数に影響する4つの要素	ヒト	チンパンジー
①出産可能な期間	約40年	約30～40年
②妊娠期間	38週	34週
③1回の出産で産む子の数	1	1
④授乳期間	1～2年	5年

❶ Austin, C., *et al.* (2013), *Nature*, **498**, 216-219.

Q41. 法医人類学者に憧れています。この職業にはどのような力が必要とされますか？

Extra question

　法医人類学者になるために必要な素養は多岐にわたります。当然身につけなければならないことは多くありますし、性格的に向き・不向きもあるかもしれません。

法医人類学者に必要な力とは

　まずは、解剖学の知識が不可欠です。基本となる骨の知識はもちろん、筋肉や血管、内臓などの知識も身につけなければなりません。次に、自然人類学的な素養。骨から何がわかるか、という研究の蓄積を理解しておくことも重要です。また、骨を取り巻く土や水、鉱物などに関する知識も必要になります。それらにもとづいて、事件現場周辺の環境・状況を的確に把握し、それが骨などにどのような影響を与えているのかを理解するのです。骨が人のものか動物のものかを判断する必要があるので、動物学の知識も欠かせません。さらに、計測・統計処理の能力。さまざまなデータを集めたときに、感覚的な推測だけにとどまらず、それらを統計的に処理し、その妥当性を検証しなければなりません。

　ここまでに挙げた素養は、専門書を読んだり、専門家に学んだりすることで獲得できます。ただし、これ以外にも本人の性格にもとづく能力も無視できません。たとえば、コミュニケーション能力も重要です。警察官をはじめとする関係者との円滑なコミュニケーションが求められるからです。これらに加えて、遺体を目の当たりにしてもうろたえたりしない、という耐性も大事な要素です。遺体の状態によっては、腐敗が進んでいたり、強いにおいがしたりするので、こういったものに対する耐性がなければ、なかなか務まるものではありません。

観察することの重要性

　今述べたようなことがすべて身についていれば法医人類学者として活躍できる、というわけではありません。「推理小説」「推理ドラマ」といった言葉がよく聞かれるため、犯罪捜査を進めるのは「推理力」という印象をもつ読

者も多いでしょう。実際には、「観察」→「気づき」→「推測」という流れで捜査が進んでいきますが、ここでいちばん重要なポイントがじつは「観察」なのです。

　観察しなければならないものはチェックリスト化できそうなものですが、実際にはそれは不可能で、あえていうならば「全部観る」よりほかありません。そうして注意深く観察した結果として、「おかしなところ」に気づくことができるわけです。この気づきのためには、膨大な知識と経験からの検索が必要となります。観察して気づいたことが指し示す「推測」の中身は、過去の研究や経験から限られてきますので、想像力の働く余地はあまりありません。骨を見て、そこから事件に関する情報を引き出すためには、さまざまに思考を巡らせることのできる「想像力」が必要と思うかもしれませんが、実際には、「観察力」と「知識・経験からの検索力」が大事なのです。

　最終的には、出した「推測」が正しいかどうか、ほかのさまざまな捜査結果と合わせて確かめることになります。人類学の研究では、このように明確な「答えあわせ」をする機会はそれほど多くはありません。これもまた法医人類学者の醍醐味のひとつといえるかもしれません。

付録B 人類の系統樹

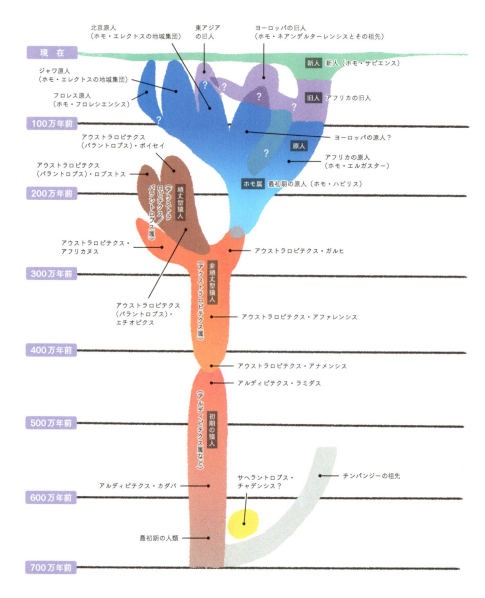

第 5 章

多様性こそ力！(パワー)
—— ゲノムと遺伝

- Q42 遺伝する病気はなぜ淘汰されなかったのでしょうか？ 124
- Q43 病気のかかりやすさ以外にも、ヒトの体の特徴で遺伝することが明らかになっているものはありますか？ 127
- Q44 現代のヒトの形質のうち、自然選択によって多様になったものはありますか？ 130
- Q45 ヒトの形質の中で、正の自然選択が作用したものを見つける方法はありますか？ 132
- Q46 古代の人骨からDNAの情報を得ることはできますか？ 135
- Q47 次世代シークエンサーってなんですか？ 人類学とどういう関係がありますか？ 138
- Q48 チンパンジーやゴリラなどの類人猿にもABO式血液型がありますか？ 140
- Q49 ヒトの進化において、ABO式血液型には何か意味があったのでしょうか？ 142
- Q50 アメリカ先住民に血液型がO型の人が多いのは、なぜでしょうか？ 144
- Q51 現在72億人が地球上に暮らしています。ヒトの数は進化の過程でどのように移り変わってきたのでしょうか？ 146

番外編
- Q52 昔のヒトがどのような病気で亡くなっていたのか、知ることはできますか？ 149

Q42. 遺伝する病気はなぜ淘汰されなかったのでしょうか？

Chapter 5

「単一遺伝子疾患」と呼ばれている病気は、たったひとつの遺伝子の変異で発症の有無が決まります。また、多くの単一遺伝子疾患は症状が深刻で、幼いうちに発症し、大人になる前に亡くなってしまいます。そのため、単一遺伝子疾患を発症したヒトは、そうでないヒトにくらべて、子孫を残すことがたいへん難しくなります。だとすると、単一遺伝子疾患をもたらす遺伝子の変異は進化の過程で淘汰されてもおかしくないように思えます。ところが、現代人の間には多くの単一遺伝子疾患にかかわる遺伝子変異が存在するのです。なぜでしょうか。

単一遺伝子疾患にもいろいろある！

ヒトは2倍体生物なので、父親と母親から受け継いだゲノムを1セットずつ、合計2セットもっています。単一遺伝子疾患を発症するのは、親から原因となる遺伝子変異を受け継いだ場合ですが、変異の受け継ぎかたには2つのパターンがあります。父親と母親の両方から受け継ぐ場合（ホモ接合）と、父親か母親のどちらか一方から受け継ぐ場合（ヘテロ接合）です。

現代人の単一遺伝子疾患のうち、症状が深刻なものの多くは、原因となる遺伝子変異がホモ接合の場合にのみ発症します。これらを「劣性単一遺伝子疾患」といいます。ヘテロ接合の人は、変異していないほうの遺伝子が正常な働きをしていれば、劣性単一遺伝子疾患は発症しません。このような疾患の代表例が、鎌状赤血球症です（Q04参照）。

ヘテロ接合でも発症する単一遺伝子疾患もあり、「優性単一遺伝子疾患」といいます。こちらは、劣性のものより数多く発見されていますが、症状が穏やかで、発症する年齢も高い傾向があります。たとえば、ハンチントン病は全身が自分の意思とは無関係に動いてしまう優性単一遺伝子疾患で、40歳前後で発症するのが一般的です。

これまでに紹介した単一遺伝子疾患は、原因となる遺伝子変異が1～22番の常染色体のいずれかに乗っている例です。遺伝子変異が性染色体であるX染色体上にある単一遺伝子疾患も存在します。X染色体の保有数は男女で

異なり、女性は2本、男性は1本だけです（もう1本はY染色体）。ですので、男性はX染色体上の変異を1つ受け継いだだけで、疾患を発症してしまいます。さらに、男性は父親からY染色体を、母親からX染色体を受け継ぐので、疾患の原因となる変異はかならず母親から受け継ぐことになります。このような疾患を「X連鎖劣性単一遺伝子疾患」と呼びます。デュシェンヌ型筋ジストロフィーはその代表例で、患者は幼い頃から筋力が低下しはじめ、20歳になる前にはほとんどが亡くなってしまいます。Y染色体に乗っている遺伝子の数は非常に少なく、これが原因となる単一遺伝子疾患もほとんど知られていません。

単一遺伝子疾患が淘汰されにくい理由

劣性単一遺伝子疾患にかかわる遺伝子変異を1つだけもつ（ヘテロ接合の）ヒトは「保因者」と呼ばれます。上で述べたとおり、多くの場合、保因者は疾患を発症せず健康な生活を送ることができます。気になるのは、子にその変異が受け継がれた場合のことです。

配偶者が同じ変異をもっていなければ、保因者の子がホモ接合となることはないため、発症することはまずありません。ただし、疾患の原因となる変異は、50％の確率で親から子へ受け継がれていきます。つまり、ある劣性単一遺伝子疾患で1人の患者が若くして亡くなったとしても、その原因となった変異が家系から除かれるわけではありません。家族や親戚の中にいる保因者によって次の世代に受け継がれていくのです。これが、劣性単一遺伝子疾患が自然選択で失われにくい理由のひとつです。

新しい変異

とはいえ、劣性単一遺伝子疾患も非常に長い時間（世代数）を経れば、自然選択によって集団中から取り除かれていきます。疾患をもつ家系は、そうでない家系にくらべて、わずかながら子孫を残す確率が低くなるからです。そう考えると、現代人にみられるさまざまな劣性単一遺伝子疾患は、数十万年もの昔から受け継がれてきたものではなさそうです。むしろ、ごく最近に起きた新しい変異によって引き起こされた、と考えるのが自然でしょう。

ヒトの個体数はおよそ10万〜2万年前頃に大きく減少し、その後、約1万年前から急激に増加したことが知られています（Q51参照）。この人口の

「ジェットコースター」が、劣性単一遺伝子疾患が現代人に数多く受け継がれていることの原因のようです。

劣性単一遺伝子疾患の原因となる変異は、もとをたどれば、たったひとりのヒトの精子や卵子に起きたDNA複製エラー（突然変異）に由来します。突然変異は、親から子にゲノムが受け継がれるたびに、ほぼ一定の確率で起きます。個体数が急増したのは、ひとつの世代が残す子孫の数が増加した結果なので、それだけ集団の中に新しい突然変異が生まれるチャンスが増えたということです。単一遺伝子疾患の原因となるような有害な変異は、その後、世代を経ていくうちに自然選択によって集団から失われてきました。しかし、人口爆発（とそれに伴う有害な変異の増加）がつい最近の出来事であったため、すべての変異が失われるのに十分な時間がなく、結果として有害な変異も生き残っているのです。また、農耕の発達による栄養状態の改善や、その後の医療技術の発達も、単一遺伝子疾患への選択圧をやわらげることにひと役買ったかもしれません。いうなれば、遺伝病は、ヒトが大成功したことによって背負った「宿命」のようなものなのです。

誰もが保因者！

近年のDNA解析技術の進歩により、個人のゲノム配列を解読することが容易になりました。2008年に発表されたある論文では、DNAの二重らせん構造を発見しノーベル生理学・医学賞（1962年）を受賞した、ワトソン博士（James D. Watson, 1928 －）の全ゲノム情報を解読した結果が報告されました。[1]その研究成果から、ワトソン博士は重篤な単一遺伝子疾患の原因となるような変異を、ヘテロ接合の状態でいくつももっていることがわかったのです。これはワトソン博士が特別、ということではありません。わたしたちは誰もが、なんらかの劣性単一遺伝子疾患の保因者なのです。患者が身近にいない人にとっては、遺伝病はなんだか遠い存在のように感じられるかもしれません。しかし、わたしたち一人ひとりが遺伝病の当事者なのです。

---

[1] Wheeler, D.A. *et al.* (2008). *Nature*, **452**, 872-876.

Q43. 病気のかかりやすさ以外にも、ヒトの体の特徴で遺伝することが明らかになっているものはありますか？

　両親の顔の形や体質などが子に受け継がれることは、遺伝のメカニズムが理解される前からよく知られていました。また、現在は、ヒトの染色体のどこにどのような遺伝子が存在しているかは「ゲノムマップ」に描かれています。しかし、これに描かれている遺伝子は全体のうちのほんの一部で、どんな役割を果たしているかわからない遺伝子が、まだまだたくさんあります。本書では皮膚の色をはじめとして、さまざま形質にかかわる遺伝子を紹介していますが、ここでは、わたしたちの生活に大きな影響をおよぼす体内時計に関する遺伝子を紹介します。

生まれながらにもっている体内時計

　わたしたちの日々の活動は、朝の目覚めにはじまり、ご飯を食べ、トイレに行き、夜になると睡眠という具合に、1日のパターンがだいたい決まっています。読者の中には、なんらかの理由でこのパターンを崩して、つらい思いをしたことがある方もいらっしゃるでしょう。どうやら、わたしたちの体には1日の活動リズムがそなわっているようです。このリズムは、どのように決まっているのでしょうか。たとえば、時間の情報がまったく得られない状況で過ごした場合、生活リズムを保てるかどうかは気になるところです。

　そこで、外の光が入らないような空間、つまり昼か夜かわからない状態で生活したらどうなるかを調べる実験がおこなわれました❶。その結果、外の光がない状態で、ヒトは約24時間11分という周期で生活することがわかりました。個人差はありますが、ヒトの体には、平均24時間11分という周期がもともとそなわっているのです。この生活の周期を「概日リズム」といいます。そして、概日リズムを生みだすからだの機構を「体内時計」というのです。しかし、地球の自転周期は23時間56分なので、概日リズムとの間にズレが生じてしまいます。じつは、この時間のズレを補正してくれるのが光です。

光による体内時計調節

　動物の概日リズムと光に関する研究、とくに体温やメラトニンの血中濃度

の日周期変化などを調べる生理学的なアプローチは、1970年代からはじまっていました。メラトニンは睡眠を誘導するホルモンであり、体内時計と光に密接に関係しています（図1）。このホルモンの分泌量が増加すると、脈拍・体温・血圧などが低下し、からだは睡眠に向かいます。一方、増加したメラトニンの分泌量は、強い光を浴びると抑制されます。つまり、朝になって日光を浴びると、体は自然と覚醒するわけです。ところが、夜更かしをしたり（睡眠をとるべき時間に光を浴びたり）、逆に日中を暗い部屋で過ごしたりすると、メラトニンの分泌量が適切でなくなり、概日リズムと実際の時間のズレが大きくなる可能性があります。その結果、いわゆる生活リズムが崩れた状態になってしまうのです。

時計遺伝子の発見

体内時計の生理学的な研究と同時に、遺伝子レベルでの研究も進められてきました。その結果、遺伝子発現に日周期性がみられる*PERIOD*（*PER*）遺伝子、*CLOCK*（*CLK*）遺伝子、*CRYPTOCHROME*（*CRY*）遺伝子などのいわゆる「時計遺伝子」が発見されました。時計遺伝子は、発現とフィードバックによって遺伝子制御のループを形成し、概日リズムをつくっています。たとえば、動物ではCLOCK/BMAL複合体タンパク質が*PER*遺伝子、*CRY*遺伝子の発現スイッチをオンにし、それによってつくられたPER/

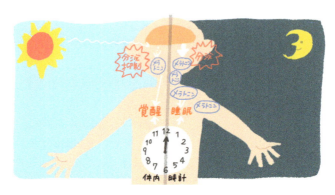

【図1　メラトニンと体内時計の関係。メラトニンが分泌されると、体は睡眠に向かう。強い光を浴びるとメラトニンの分泌が抑制され、体は覚醒する。このメラトニンの働きが、体内時計と実際の時間のズレを補正する。】

CRY複合体タンパク質が、CLOCK/BMALタンパク質の働きを抑えて*PER*遺伝子、*CRY*遺伝子の発現スイッチをオフにしています。このように、体内時計のメカニズムは分子レベルで明らかになってきたのです。

べつの研究では、メラトニン分泌がピークに達する夜中に強い光を浴びたときの、メラトニンの分泌抑制の度合いには、個人差があることがわかっています。メラトニンの分泌抑制率が高いということは、光を浴びると体が覚醒しやすいということです。さらに、このような生理現象の個人差とある時計遺伝子の遺伝子多型とのあいだには相関関係があることがわかってきました。しかし、この個人差が生じるメカニズムや遺伝的背景については、まだ研究途上です。ひょっとすると、朝起きるのが苦手、生活のリズムが乱れやすい、といった個人の体質も遺伝的要因の大きな形質なのかもしれません。

一筋縄ではいかない遺伝子と形質の関係

ところで、グレゴール・メンデル（Gregor Mendel, 1822–1884）という植物学者が遺伝と形質の関係について大きな発見をしたことを、中学や高校の生物で習った人も多いでしょう。彼はエンドウの交雑実験をおこない、種子の色や形といった形質がどのように遺伝するかを見いだしました。彼の発見した法則は「遺伝の法則」あるいは「メンデルの法則」と呼ばれています。

遺伝子と形質の関係を理解するうえで注意しなければならないのは、メンデルが見つけた遺伝形質の多くは、「1種類の遺伝子で決まる」ものだということです。ヒトの形質にも、1種類の遺伝子でほとんど決まってしまうものがあります。たとえば、ABO式血液型、耳垢の乾性／湿性、お酒に対する強さ（エタノールやアセトアルデヒドの分解能力）などです。しかし、1種類の遺伝子で決まる形質はごく一部で、ほとんどの形質の決定には複数の遺伝子が関与します。さらに、関係する遺伝子が特定されていたとしても、それらが形質として現れるまでにいつ・どこで・どのように作用しているのかは、わからないことがほとんどです。さらに、形質は環境の影響も受けます。遺伝子と形質の関係は単純ではないのです。

❶ Czeisler, C. A., *et al.* (1999), *Science*, **284**, 2177–2181.
❷ Landgraf, D. *et al.* (2012), *Pflug. Arch. Eur. J. Physiol.*, **463**, 3–14.

Q44. 現代のヒトの形質のうち、自然選択によって多様になったものはありますか？

形質には個人差があり、集団どうしをくらべると違いはもっと明確になります。それらの形質の中には、自然選択によって多様化したものはあるのでしょうか。また、ある形質が自然選択によって獲得されたものかどうかを確かめる方法はあるのでしょうか。

「自然選択で多様化する」とは？

本題に入る前に、ある形質が「自然選択で多様化する」とはどういうことか考えておきましょう。自然選択は、ひとつの集団内で、ある遺伝形質をもつ個体がそうでない個体よりも、生存や繁殖の面で有利な場合に起きる現象です。有利な遺伝形質をもつ個体は、より多くの子孫を残すチャンスにめぐまれるので、その遺伝形質は集団の中に広がっていきます。逆に、不利な遺伝形質は集団から失われていきます。

どんな遺伝形質が有利になるかは、その集団が置かれている環境によって異なります。すべての個体が同じ環境に生息している場合、有利（不利）な形質は種全体で共通です。したがって、有利な形質は種全体に広がり、不利な形質は失われるので、多様性は小さくなります。一方、生息域が多様な環境に広がっている場合、環境ごとに有利（不利）な形質も異なり、自然選択によって形質が多様化します。たとえば、暑い場所に生きる集団と寒い場所に生きる集団とでは、有利（不利）な形質が異なるでしょうから、特定の形質に大きな差がある可能性は高いです。ヒトはアフリカで誕生した後、世界中に拡散して、さまざまな環境に適応してきました。ヒトという種全体でみると、自然選択で多様化した形質があっても不思議ではありません。

肌の色は自然選択によって多様化した？

では、もとの疑問に立ち返りましょう。自然選択で多様化したヒトの形質はあるのでしょうか。答えは「Yes」です。多様性を示すヒトの形質といえば、顔の形、髪の毛の色や形、身長、体重など、たくさんありますが、肌の色が自然選択によって多様化したと考えられている形質の代表例です。ヒト

の生まれつきの肌の色は低緯度地域では暗く、高緯度地域では明るいという傾向があります。この傾向は、太陽光線中の紫外線の強さに対応した自然選択によって形づくられたと考えられています（Q01参照）。

遺伝子に残された自然選択の証拠

ある形質が自然選択によって多様化したことを示す証拠は、その遺伝子の突然変異のパターンから見いだせます。突然変異には、タンパク質の機能を変えるもの（非同義変異）と変えないもの（同義変異）があります（Q23参照）。非同義変異はタンパク質の機能に影響を与える分、同義変異よりも自然選択の影響を強く受けます。非同義変異と同義変異は、配偶子形成の過程で生じる確率は同程度ですが、自然選択を受ける確率が違うので、集団内での受け継がれやすさに差が生じます。このことから、集団内で非同義変異と同義変異の数が著しく異なる遺伝子や、集団間で非同義変異と同義変異の比率が異なる遺伝子は、自然選択を受けた可能性が高いのです。

ここで、メラニンの合成に関連することで知られる、MC1Rというタンパク質の遺伝子に注目した研究を紹介しましょう。[1]この遺伝子に非同義変異が起きると、メラニンを十分に合成できなくなり、肌や毛の色が明るくなることが知られています。この研究では、複数の集団について、*MC1R*遺伝子の同義変異および非同義変異の数が調べられました。肌の色が暗いアフリカの集団では、非同義変異はほとんど見つかりませんでしたが、同義変異は多く見つかりました。一方、肌の色が明るいヨーロッパや東アジアの集団には、同義変異も非同義変異もたくさん見つかりました。アフリカの集団では、MC1Rの非同義変異は肌の色を明るくするので、個体の生存に不利に働きます。一方、同義変異は肌の色にほとんど影響がないので、有利でも不利でもありません。そのため、同義変異のみがアフリカの集団内に残ったのです。逆に、アジアやヨーロッパの集団では、MC1Rの機能を保たなければならない理由がなく、非同義変異と同義変異の受け継がれやすさに差がなかったのでしょう。むしろ、メラニンが多いことが有害であったため、積極的に非同義変異が受け継がれてきた可能性もあります（Q01参照）。

[1] Harding, R. M., *et al.* (2000), *Am. J. Hum. Genet.*, **66**, 1351-1361.

Q45. ヒトの形質の中で、正の自然選択が作用したものを見つける方法はありますか？

わたしたちヒトの形質というと、毛髪の色や形（直毛・天然パーマなど）、身長、体重、耳の形、目の色、肌の色などが挙げられます。この中には、自然選択が作用したものがあるのでしょうか。また、もしあるとして、それを見つけ出すことはできるのでしょうか。

ヘンな多型を見つけろ！

塩基配列から自然選択の有無を調べる研究では、「中立」という考えかたが基本となります。ある生物の集団で見つかるゲノムの変異や多型は、進化的に中立である（どれも有利でも不利でもないので、自然選択を受けない）とみなすのです。実際、ヒトのゲノム多型の大部分は形質に大きな影響を与えていないので、それほど現実離れした仮定ではありません。すべての多型は突然変異で生まれてきて、あるものは長い時間をかけて集団の中に広がり、ほかのものは失われたりします。中立な多型には自然選択が働かないので、集団の中で増えたり減ったりするのは、すべて偶然とみなせます。

ところが、実際の生物集団の多型を調べてみると、偶然では説明できないふるまいを示すものが、ごくわずかですが見つかります。このような"偶然では説明できない"多型の中に、形質の多様性に関係し、自然選択を受けたものが含まれていると考えるのです。

太い髪の毛が有利？

ヒトの形質で多様性を示すもののひとつに、毛髪の形態（縮れの程度、太さなど）があります。毛髪の形態は、一人ひとり大きく異なりますが、所属集団によっておおまかな分類が可能です。アフリカ系は縮毛（天然パーマ）で細く、ヨーロッパ系ではやや縮れている（ウェーブがかっている）か直毛で比較的細く、アジア系では直毛で太い傾向があります。皮膚色と同様に、集団間で大きな違いを見せる形質のため、自然選択を受けてきたのではないかと長年考えられてきました。もし毛髪の形態に影響を与えていて、なおかつ中立的でない遺伝子多型が見つかれば、その遺伝子には自然選択が働いた

と推測できます。実際におこなわれた研究を紹介しましょう。

　東アジア人、アフリカ人、ヨーロッパ人の3集団を対象に、髪の形態にかかわるであろう170個の遺伝子に含まれる多数のSNPが調査されました。その結果、一般的なSNPにくらべて、集団の間で対立遺伝子頻度が大きく異なる21個のSNPが発見されました。このうち、*EDAR*という遺伝子のSNPが示す対立遺伝子頻度の差は図1のようになり、偶然では説明できないほどに大きいことがわかりました。集団の間で大きく対立遺伝子頻度が

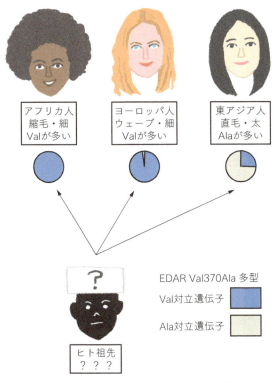

[図1　*EDAR*遺伝子多型の対立遺伝子頻度と髪の毛の形態。EDARタンパク質の370番目のアミノ酸の祖先型はバリン（Val）で、突然変異によりアラニン（Ala）が生じる。このValをAlaに変える対立遺伝子は毛の太さと関係する。また、アフリカ人やヨーロッパ人はこの対立遺伝子をほとんどもたない一方、東アジア人は非常に高頻度でもっている。]

異なるということは、比較的短い期間で対立遺伝子頻度に大きな変化が起きた可能性を示しています。さらに、EDAR遺伝子周辺の塩基配列をより詳しく調査したところ、東アジア人では、ほかの2つの集団にくらべて塩基配列の多様性が乏しいことがわかりました。これは、特定の多型の対立遺伝子が生存上有利だったために、非常に素早く集団の中で広まったことを支持する証拠と考えられます。ちなみに、生存上有利な多型の対立遺伝子が素早く集団内に広がる過程で、それにつられて周辺の多型の頻度も変化して、結果的に多様性が低下する現象を「選択的一掃」といいます。さらに、東アジア人に多い対立遺伝子をもっているヒトは、毛髪がより太い傾向をもつことが明らかになりました。

真相は闇の中……

さて、EDAR遺伝子の研究から、ヒトの毛髪の形態が自然選択で多様化した可能性が示唆されました。しかし、これですべてが解決したわけではありません。まず、毛髪が太いことが、生存上どのように有利だったのかはっきりしません。さらに、後の研究で、EDAR遺伝子は切歯（前歯）の大きさにも強い影響を与えていることがわかったのです。❷ 毛髪の太さではなくて、歯の大きさのほうが生存上重要だったから、自然選択が働いたのかもしれません。あるいはもしかすると、毛髪でも歯でもなく、わたしたちが気づきもしない別の形質にEDAR遺伝子がかかわっていて、それが自然選択を受けていたのかもしれません。

ゲノムを調べることによって、形質の多様性にかかわっていて、自然選択を受けたかもしれない遺伝子を探し出すことはできます。しかし、その形質がどのような理由でヒトの進化に役だっていたのかを明らかにすることまでは、現時点ではできません。とはいえ、さらに遺伝子の変異と表現型の関係が詳細に調べられれば、自然選択を受けた形質を特定できる日がくるかもしれません。今後の研究に期待しましょう。

❶ Fujimoto, A., *et al.* (2008), *Hum. Mol. Genet.*, **17**, 835-843.
❷ Kimura, R., *et al.* (2009), *Am. J. Hum. Genet.*, **85**, 528-535.

Q46. 古代の人骨からDNAの情報を得ることはできますか？

Chapter 5

現代人のもつDNAの情報は、ヒトの移住の歴史を推測することに利用できます。しかし、古代のヒトや、すでに絶滅してしまった人類のDNAの情報が手に入れば、現代人のDNAの情報からでは知りえないことも明らかになるかもしれません。では、古代の人骨（古人骨）からのDNA抽出はどのようにおこなうのでしょうか。

決め手は保存状態

古人骨からのDNA抽出方法の前に、骨の構造について簡単に解説します（図1）。骨の硬い部分は骨組織といい、骨芽細胞という細胞が供給するリン酸カルシウムやコラーゲンでできています。骨芽細胞は細胞の周囲が硬くなると骨細胞へと変わり、骨小腔に閉じ込められます。骨の中心には、骨髄と呼ばれる造血組織があり、これは血液の血球をつくるための細胞からなります。

古人骨が見つかるときには、破片となっているため、DNAの分析には骨の硬い組織（緻密骨）を使います。死後に乾燥した状態では、骨組織内の骨細胞は骨小腔の壁に付着していると考えられます。付着物にはDNAも含まれているため、古人骨から抽出されるDNAはこの骨細胞に由来すると考えられています。

骨からのDNA抽出の成否は、骨の年代ではなく保存状態で決まります。保存状態しだいでは、10万年以上前の人骨からもDNAを取り出せる可能性があります（これまでにDNA抽出に成功した最も古い人骨は、40万年前のもの）。骨の保存状態のよしあしを決める最も重要な条件は、周囲（おもに土壌）の「温度」で、「湿度」や「pH（酸性の程度）」も影響します。

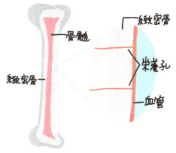

【図1　骨の断面図。骨組織には、血管が通る貫通孔（栄養孔）があり、骨髄までつながっている。】

土壌温度が30℃を超えるような場所に埋もれた骨は、土壌中の分解者により徐々に骨組織も骨髄も分解されてしまいます。骨髄が分解されるとDNAも分解されるため、抽出が困難になります。そのため、DNAが保存されていると期待できる人骨が見つかるのはおもに、気温が20℃程度に保たれる土中深くや涼しい洞窟の中です。

　ただし、気温が高くても乾燥していれば、DNAが残る可能性はあります。分解者は水がないと活動できないからです。実際、暑くて乾燥した気候のエジプトで発掘されたミイラの骨や脳から、DNAの抽出に成功しました。洞窟に保存された人骨もDNAの分解を促す水分に触れることが少ないので、とくにDNAの保存状態がよいことが知られています。

　日本は雨が多く、土壌中の塩基類が浸透する雨水に溶けて失われやすいため、酸性に傾いています。酸性土壌中ではリン酸カルシウムが溶けやすく、骨は化石として残りません。しかし、沖縄に広がる石灰岩由来のアルカリ性の土壌中ではリン酸カルシウムが溶けにくいため、保存状態のよい古人骨が残されています。実際に、白保竿根田原遺跡（石垣市）で見つかった約2万年前（旧石器時代）の人骨から、DNAが抽出されました。

バラバラなDNAから復元される古代人ゲノム

　このように、古人骨は限られた環境条件下でしか保存されません。そのため古代人のDNAの抽出には歯を使用するのが一般的です。歯は最外層をエナメルという硬い物質に覆われ、また歯根部分が歯茎に埋もれているため、DNAを含む歯の内部（歯髄）は外的浸蝕から守られます（図2）。したがって、歯は骨にくらべるとDNAの保存状態がよいことが多いのです。

　DNAの抽出にはおもに、重さが2〜4gある大臼歯を用いますが、抽出に用いるのは、その内腔を削った0.2〜0.5gほどです。従来の方法では、DNAを増幅させるポリメラーゼ連鎖反応（PCR）法を用いることで、歯1本から得られる試料で1〜3回の分析が可能です。最近では、抽出したDNAのすべての断片を読み取ることのできる次世代シークエンサーを使った解析もおこなわれています（Q47参照）。ただし、この方法を用いても、すべてのゲノム情報が得られるわけではありません。DNAは時間とともに分解・細断されてしまうため、通常50〜100塩基対、保存状態がよくてもせいぜい200塩基対程度の断片となっています。古代人のDNAを復元する

際には、20〜30塩基対が重なった断片どうしをつないで読み取ることで、より長いDNA情報を得ています。また、次世代シークエンサーを使った解析では、古人骨から抽出されたDNAのうち、ヒトに由来するものは数パーセントで、大部分は土壌微生物に由来することもわかっています。

1997年には、ネアンデルタール人のミトコンドリアDNAの一部が復元されました❸。また、日本国内では縄文人と弥生人のミトコンドリアDNAの情報を得ることに成功しており、日本列島へのヒトの移住についての重要な知見が得られています（Q63参照）。しかし、DNAの情報だけですべてがわかるわけではありません。古代人どうし、あるいは現代人との遺伝的な関係から、彼らがいつ・どこから移り住んできたのかを推定することはできます。ただし、それを裏づけるためには、古人骨が発掘された場所や、周辺の遺跡や土器や石器の年代および特徴などのフィールドワークで得た情報が欠かせないのです。

DNAを扱う技術は目まぐるしい革新を遂げています。とくに、次世代シークエンサーが登場した2006年以降は、大量のDNA情報を短時間で分析できるようになりました（Q47参照）。その結果、驚くべき発見が多数報告されています（Q02やQ57参照）。

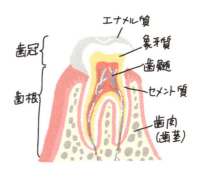

［図2　歯の断面図。歯は最外層をエナメルにコーティングされていて、血管の出入りがないため、侵食されにくい。］

❶ Hawass, Z., *et al.* (2010), *J. Am. Med. Assoc.*, **303**, 638-647.
❷ Shinoda, K., *et al.* (2015), Ancient DNA analysis of Paleolithic Ryukyu islanders. In Matsumura, H. *et al.* (eds.), *New Perspectives in Southeast Asian and Oceanian Prehistory*, ANU e-press, Australia. (in Press)
❸ Krings, M., et al. (2007), *Cell*, **90**, 19-30.

Q47. 次世代シークエンサーって何ですか？人類学とどういう関係がありますか？

Chapter 5

　生物学では、「シークエンサー」というと、DNAの塩基配列を解析する装置のことを指すのが一般的です。本書でも紹介しているように、DNAの塩基配列の解析は人類学でもたいへん重要な研究手法となっています。「次世代シークエンサー」とは近年登場した新しいシークエンサーですが、どのような技術なのでしょうか。人類学にどのような影響を与えたのでしょうか。

サンガー法の"次"の技術

　DNAの塩基配列を解読する手法の原理が発明されたのは、1970年代のことです。当時発表されたサンガー法という技術が、その後のシークエンサーの基礎となっています。2004年に完了したヒトゲノム計画でも、この技術を用いてヒトゲノムDNAの全塩基配列が解読されました。ただサンガー・シークエンサーは、一度に解読できる塩基の量が少ない（解読に時間がかかる）ことが欠点でした。およそ30億塩基対あるヒトゲノムをすべて解読するのに、10年以上もかかってしまったのです。

　ヒトゲノム計画が完了すると、ヒトの形質や進化を理解するうえで、ゲノムの塩基配列の個人差が重要であることが明らかになってきました。そこで、より速くたくさんのゲノムを解読できる技術が求められるようになったのです。このような流れの中で、サンガー法とは異なる原理を使った、新しいシークエンサーが次々と登場します。これらはサンガー法の次の世代の技術を応用しているので、「次世代シークエンサー」と呼ばれるようになりました。最近の高性能の次世代シークエンサーを使えば、たった11日でヒト2個体分の全ゲノム塩基配列を解読できてしまいます。このように大量の塩基配列をいっきに読むことが可能となり、結果的に1試料あたりにかかる時間とコストを大幅に抑えることができるようになってきました。

次世代シークエンサーで変わった人類学研究

　次世代シークエンサーは、人類学の研究にも大きな影響を与えました。最も目覚ましい進歩があったのは、古代人のDNA研究でしょう（Q46参照）。

古代人の骨や歯からDNAを抽出して塩基配列を決定するには、かつては、PCR法とサンガー法を組み合わせるのが一般的でした。また、対象となるのはおもに細胞内小器官であるミトコンドリアのDNAでした。これは、細胞内に数千コピーほど含まれているので、古人骨のように質が劣化している試料からでも、PCR法で増幅して塩基配列を決定できます。一方で、細胞内に2コピー程度しかない核ゲノムの塩基配列を決定するのはきわめて困難でした。

　核ゲノムは膨大な塩基配列情報をもっており、現代人と古代人の遺伝的な関係を明らかにするのにたいへん重要です。また、肌の色のような形質を決定する情報が含まれているので、絶滅してしまった人類の姿を知るうえでも有益です。古代人の核ゲノム情報は、多くの人類学研究者にとって、ほしくても手に入らない宝の山だったのです。

　しかし、次世代シークエンサーの登場は、このような状況を一変させてしまいました。大量の塩基配列解析が可能となり、ネアンデルタール人のような旧人の核ゲノムの塩基配列が次々と解読され、驚くべき研究成果が報告されはじめています（Q02、Q57参照）。また、現代人のゲノムの多様性も明らかになりました。世界中のさまざまな集団から集められたヒトの全塩基配列を決定するという「1000人ゲノム計画」も、次世代シークエンサーがあったからこそ実現したのです。❷

次世代シークエンサーは研究者も変える!?

　サンガー・シークエンサーは、一度に出力する塩基配列情報が数百塩基程度でした。そのため、どんな研究者でも比較的簡単に扱える技術だったのです。ところが、次世代シークエンサーは一度の分析で何十億塩基もの情報を出力しますので、コンピュータープログラミングのようなIT技術に習熟していないと使いこなせません。人類学の研究者というと、"アウトドアな人たち"という印象をもつ読者も多いと思います。しかし最近では、IT技術を駆使して次世代シークエンサーの結果を解析するのが専門の、"インドア派"の人類学者も増えてきました。

❶ Sanger, F. et al. (1977), *Proc. Natl. Acad. Sci. U. S. A.*, **74**, 5463-5467.
❷ 1000 Genomes Project Consortium (2015), *Nature*, **526**, 68-74.

Q48. チンパンジーやゴリラなどの類人猿にもABO式血液型がありますか？

Chapter 5

　チンパンジーやゴリラは、現存する類人猿の中で進化的にヒトと最も近縁です。では、彼らの血液には、ヒトと同じ型は存在するのでしょうか。また、あるとしたら血液型はいつから存在し、どのような進化をたどったのでしょうか。血液型遺伝子の働きとともにみていきましょう。

遺伝子と血液型の関係

　ABO式血液型は、赤血球の表面にくっついている糖（抗原）の違いによる分類です（Q49参照）。A抗原はNアセチルガラクトサミン、B抗原はガラクトースという糖です。この違いは、その人のABO式血液型遺伝子（A型対立遺伝子、B型対立遺伝子、O型対立遺伝子の3通り）からつくられる「糖転移酵素」という分子の働きによって生じます。

　糖転移酵素には、特定の分子に糖を「くっつける」働きがあります。たとえば、B型対立遺伝子からつくられる糖転移酵素は、赤血球の表面にガラクトースをくっつけるのです。このようにしてB型の赤血球がつくられます。A型対立遺伝子とB型対立遺伝子の両方をもつ人もいて、この場合、赤血球には上記2種類の糖がどちらもくっつきます。2種類の糖がついた赤血球をもつ人の血液型は、AB型です。O型対立遺伝子からつくられる糖転移酵素は、糖をくっつける働きが失われて（失活して）います。したがって、O型対立遺伝子しかもっていないヒトの赤血球は、どちらの抗原ももちません。

　A型、B型、O型対立遺伝子の塩基配列は互いによく似ていて、もともと存在したひとつの遺伝子から進化したと考えられています（後述）。

類人猿は血液型をもつのか？

　では、当初の疑問に戻りましょう。結論からいえば、チンパンジーやゴリラなどの類人猿のみならず、すべての霊長類が、ヒトと同じABO式の血液型をもっています。これは、すべての霊長類がABO式血液型をもつ共通祖先から分岐した可能性を示しています。

　全ゲノムの比較をもとに、霊長類がどのように進化してきたかを示す系統

樹が描かれています。これとは別に、特定の遺伝子の塩基配列だけに注目して、その遺伝子の進化の道筋を示す系統樹を描くことも可能です。このような系統樹を「遺伝子の系統樹」といいます。霊長類の ABO 式血液型を決定する遺伝子について系統樹を描いたところ、最も古くからある血液型が A 型であった可能性が示されました❶。つまり、進化の過程で A 型対立遺伝子に変異が起き、B 型対立遺伝子や O 型対立遺伝子になったと考えられるのです。

別の研究では、さまざまな霊長類の ABO 式血液型遺伝子のバリエーションが調べられました。興味深いことに、チンパンジーの血液型は A 型と O 型のみ、チンパンジーと最も近縁なボノボは A 型のみ、ゴリラにいたっては B 型しか見つかっていません（表1）。なぜか、種によって血液型の分布に違いが見られるのです。その理由はいまだに明らかにされていません。Q49 では、感染症への適応が血液型の多様性を生んでいる可能性について検討します。

【表1　霊長類で見つかったABO型遺伝子のバリエーション❷】

	種名	バリエーション		種名	バリエーション
新世界ザル	マーモセット	A	旧世界ザル	Blue monkey	A, B, O
	アカテタマリン	A, B		クロザル	A, B, O
	セラダマタマリン	A		カニクイザル	A, B, O
	フサオマキザル	A, B, O		ニホンザル	B
	クロリスザル	A, B, O		アカゲザル	A, B, O
	コモンリスザル	A, B		ミナミブタオザル	B
	ボリビアリスザル	A, B, O		アヌビスヒヒ	A, B, O
	Azara's night monkey	A, B		ゲレザ	A, B
	Nancy Ma's night monkey	B, O		King colobus	A, B
	Brown Titi	A		アンゴラコロブス	A, B
	ヒゲサキ	A		シロテナガザル	A, B, O
	Rio Tapajos Saki	A		ミュラーテナガザル	A, B
	アカテホエザル	B		フクロテナガザル	B
	マントホエザル	B	類人猿	オランウータン	A, B, O
	Geoffroy's spider monkey	B, O		ゴリラ	B
	ペルークモザル	A, O		チンパンジー	A, O
				ボノボ	A
				ヒト	A, B, O

❶ Saitou, N., and Yamamoto, F. (1997), *Mol. Biol. Evol.*, **14**, 399–411.
❷ 山本文一郎（2015）、『ABO 血液型がわかる科学』、岩波書店．

Q49. ヒトの進化において、ABO式血液型には何か意味があったのでしょうか?

Chapter 5

　ABO式血液型は、現在の医療において必要不可欠な情報です。では、生物学的にみたとき、ABO式血液型はヒトの生存において何か役割を果たしているのでしょうか。そもそもなぜ、A・B・AB・Oのような型のバリエーションができたのでしょうか。進化と血液型の関係に注目してみましょう。

ABO式血液型と抗原・抗体の関係

　血液の成分である赤血球の表面には「抗原」がついており、その種類やつきかたは人それぞれです。また、液体成分である血しょう中には、病原体や異物を攻撃する「抗体」というタンパク質が含まれます。ABO式の型が異なる血液は、抗原と抗体の組み合わせが異なります。A型の人の赤血球には「A抗原」がついていて、B型には「B抗原」、AB型にはA抗原とB抗原の両方があり、O型はどちらの抗原もついていません。また、A型の人の血しょう中にはB抗原に結合する「抗B抗体」が、B型の人の血しょう中には「抗A抗体」が含まれます。AB型の血しょう中にはいずれの抗体も含まれず、O型の血しょう中には両方の抗体が含まれます。

O型が世界で最も一般的な理由

　わたしたちに身近なABO式血液型ですが、じつは生物学的な役割はいまだによくわかっていません。たとえば、ABO式血液型が生存率に大きく影響したり、致命的な病気の原因になったりするという証拠は得られていないのです。言い換えれば、ABO式血液型は、生きていくうえであまり重要でないということです。

　世界の血液型の分布に注目してみると、最も一般的なのはO型です。これにはどのような意味があるのでしょうか。ヒトに近縁な霊長類ではA型やB型が多いといわれていることから、共通祖先から分岐して以降、人類の血液型の頻度に大きな変化があったようです。この理由として、腸内細菌の存在が考えられています。

　腸内細菌にも、赤血球にあるようなA抗原やB抗原をもつものがいます。

それらの細菌は人体に侵入すると、抗A抗体や抗B抗体に攻撃され殺されます。もし、ある種の腸内細菌がいないほうが生存に有利であるとすれば、O型は抗A、抗B両抗体をもっているので、より生き残りやすいといえます。また、最新の研究では、細菌やウイルスの感染のしやすさに血液型抗原が関与している可能性が示唆されています。ヒトのABO式血液型は、このような細菌やウイルスとのかかわりを通して多様化したのかもしれません。

血液型と風土病の関係

不思議なことに、日本だけでみると、いちばん多い血液型はA型（38%）です。また、南北アメリカ大陸の先住民はほとんど全員O型です（Q50参照）。このように、地域や民族などの単位でくらべると、血液型の割合は大きく異なります。血液型の違いが感染症へのかかりやすさと関係するのであれば、このような血液型の頻度の地域差は、各地域に特有の「風土病」によって生じたのかもしれません。

血液と関係の深い風土病といえば、アフリカ大陸でとくに蔓延している「マラリア」が有名ですが（Q04参照）、マラリアとの関係が科学的に証明されている血液型があります。Duffy式血液型です。これは、赤血球表面の2種類のDuffyタンパク質（Fy(a)とFy(b)）の有無にもとづく分類ですが、Duffyタンパク質そのものが発現されないFy(a−b−)型の人は、マラリアに感染しづらいことがわかっています。そして、マラリアが流行している西アフリカでは、かなり高い頻度でFy(a−b−)型が分布しています。逆に、マラリアが流行していないヨーロッパや東アジアでは、Fy(a−b−)型の頻度はたいへん低くなっています。

感染症と血液型の関係が明らかにされている例は、まだ少数です。しかし、ある種の血液型が自然選択を受け、現在みられる分布が形成された可能性は十分に考えられます。

---

❶ BloodBook.com, Racial & Ethnic Distribution of ABO Blood Types. (http://www.bloodbook.com/world-abo.html)
❷ Dean, L. (2005), *Blood Groups and Red Cell Antigens*, NCBI Bookshelf. (http://www.ncbi.nlm.nih.gov/books/NBK2261/)

Q50. アメリカ先住民に血液型がO型の人が多いのは、なぜでしょうか？

　ABO式血液型の頻度は、地域によって異なります。日本人ではA型が最多ですが、南北アメリカ大陸の先住民ではO型の頻度がとても高く、ほぼ全員がO型のグループもあるほどです。アメリカ先住民にO型が多い理由はよくわかっていませんが、有力な2つの仮説をご紹介します。

自然選択説と創始者効果説

　ひとつめの仮説は、アメリカ先住民の祖先になんらかの強い選択圧がかかり、O型以外の血液型の人たちが淘汰されてしまった、というものです。この説を「自然選択説」としましょう。選択圧として、病原体が赤血球に感染するマラリアのような病気が候補に挙がっています。A型、B型、AB型はそれぞれ、赤血球がある決まった糖鎖をもつタイプで、O型は糖鎖をもちません。もし、A型やB型の糖鎖を足場にして感染する強い病原体があったとすると、O型が生き残りやすくなるということです。

　自然選択とは別に、アメリカ大陸へと渡った最初の集団内でたまたま血液型に偏りがあったから、という説もあります。これを「創始者効果説」と呼びましょう。創始者効果とは、生物集団から隔離された少数の個体が、もとの集団とは異なる遺伝的特徴をもつ新たな集団をつくる現象のことです（図1）。アメリカ先住民の祖先は、現在のベーリング海峡を渡ってユーラシア大陸からアメリカ大陸に進出しました。彼らがもともと属していたユーラシアの集団の血液型には、多様性があったはずです。しかし、移住する際には血縁者のグループで行動することが多かったでしょうから、移住集団に偶然O型が多かった、というシナリオはそれほど不自然ではありません。

どちらが正しい？

　自然選択説と創始者効果説のどちらが正しいか、まだ結論は出ていません。ただし、ヒントがないわけでもありません。創始者効果は、遺伝子配列の多様性を小さくする作用をもち（図1）、さらに、ABO式血液型遺伝子以外の遺伝子にもまんべんなく影響をおよぼします。したがって、アメリカ先住民の

ゲノムに注目することで、創始者効果の有無をある程度推測できるのです。アメリカ先住民は、ほかの大陸のヒト集団よりも、ゲノム全体の多様性が低いことが明らかになっています❶。現在のアメリカ先住民のヒトゲノム情報から、ベーリング海峡を渡ったのはたった80人だった❷、という推定もされていて、「少人数の集団に作用する」という創始者効果の特徴にマッチします❶❸。

一方、マラリアはアメリカ大陸にのみ存在する感染症ではないですし、緯度が高い北米地域に熱帯感染症であるマラリアが当時存在していたとは思えません。したがって、マラリアが自然選択の原因であった可能性は低いでしょう。また、ABO式血液型遺伝子の塩基配列を調査した研究から、自然選択が働いたことを積極的に支持する報告はありません❶❹。現時点での遺伝学的な知見からは、自然選択説よりも創始者効果説のほうに分がありそうです。

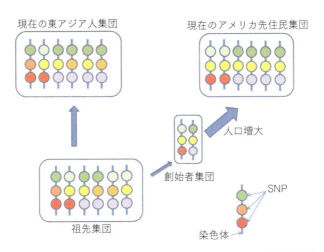

[図1　創始者効果。おだんごの串はヒトの染色体を、だんごは一塩基多型（SNP）を表す。だんごの色の違いはSNPの対立遺伝子の違いに相当する。祖先集団には6種類のおだんごがあり、遺伝的な多様性が高かった。少人数の集団がアメリカ大陸に移住し、現在のアメリカ先住民の祖先となったが、2種類のおだんごしか持ち込まれなかった。したがって、現在のアメリカ先住民集団は祖先集団とは遺伝的に異なり、なおかつ多様性が低い集団となった。]

❶Villanea, F.A. *et al.* (2013), *Am. J. Phys. Anthropol.*, **151**, 649-657.
❷Hey, J. (2005), *PLoS Biol.*, **3**, e193.
❸Wang, S. *et al.* (2007), *PLoS Genet.*, **3**, 2049-2067.
❹Estrada-Mena, B. *et al.* (2010), *Am. J. Phys. Anthropol.*, **142**, 85-94.

Q51. 現在72億人が地球上に暮らしています。ヒトの数は進化の過程でどのように移り変わってきたのでしょうか？

Chapter 5

　現在では、戸籍などの統計情報があるので、ヒトの個体数（人口）をかなり正確に把握することができます。では、そのような資料がない遠い過去の人口を調べる術はあるのでしょうか。また人口の増減に影響を与えた要因には、どのようなものがあるのでしょうか。ここでは、これらの疑問に対する人類学的なアプローチを紹介します。

ゲノムから人口を割り出す⁉

　大昔のヒトの人数を正確に知る方法は、現時点ではありません。しかし、現代に生きるヒトがもつ遺伝的な多様性が、過去のヒトの集団の大きさを見積もるためのヒントを与えてくれます。

　生物の集団がもつ遺伝的多様性は、その集団の個体数が多いほど高くなる傾向があります。言い換えると、高い遺伝的多様性を長期にわたって維持するには、たくさんの個体数が必要となるのです。この関係を逆手にとって、ある生物の集団がもっている遺伝的多様性から、「それを維持するのに必要だった個体数」を割り出すことができます。この仮想的な個体数を「有効集団サイズ」といいます。有効集団サイズ＝実際の個体数というわけではないのですが、ほかの生物種と比較することで、この数値が大きいのか小さいのかを判断することはできます。

　ヒトの場合、有効集団サイズは時代によって異なりますが、平均的にはおよそ10,000程度だったと推定されています。一方、チンパンジーの有効集団サイズは20,000程度と見積もられています。現在のチンパンジーの生息数は17〜30万頭程度で、ヒト（72億人）よりはるかに少ないにもかかわらず、チンパンジーの有効集団サイズはヒトの2倍なのです。これはつまり、長い進化の歴史の中では、平均的にはヒトはチンパンジーより個体数が少なかったということです。

ヒトは絶滅寸前だった⁉

　さらに、ヒトの全ゲノム情報の解析が可能になり、有効集団サイズがどの

ようにして移り変わってきたのかを推定できるようになりました（図1）。ヒトの有効集団サイズはおよそ10万年前から2万年前にかけて減少しています。ほかの霊長類の有効集団サイズを見積もった研究からも、やはりこの時期に集団サイズが縮小していたことがわかっています。この時期は最終氷期にあたり、地球規模で寒冷化が進んだ時代です。環境変動が人口の増加を阻んでいたのかもしれません。

　また、同じ時期に、ヒトはアフリカからの拡散を開始しますが、アフリカから出たヒト集団はとくに小さくなっていたようです。驚くべきことに、その有効集団サイズは数千程度だった、という報告もあります。原因は不明ですが、アフリカを出たヒトは、絶滅寸前のような状況に置かれていたのかもしれません。ところがその後、1万年前あたりからヒトの有効集団サイズは急激に増大しはじめます。この時期に何があったのでしょうか。

人口爆発!?

　この頃、最終氷期は終わりを迎え、地球の気温が上昇しはじめました。そして、ヒトの数をいっきに増大させる決定的な出来事が起きます。農耕のはじまりです。西アジアでムギの栽培や、ヒツジやヤギなどの牧畜が開始されたのを皮切りに、インドや東アジアでも次々に農耕文明が発達しました。農

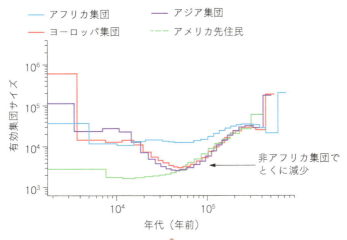

【図1　有効集団サイズの移り変わり。】

耕の発達が、食糧の供給を安定化して爆発的に人口を増やすきっかけになったことは間違いないでしょう。

　考古学的な推定では、1万年前（紀元前8000年頃）の世界の人口は500万人ほどに達していたと見積もられています。現在の福岡県の人口と同じ程度です。その後、西暦がはじまる頃には3億人に達していたと考えられています。つまり、世界の人口は8,000年間でおよそ60倍に増加したというわけです。

さらに人口は増えたが……

　17世紀には人口は5億人に到達します。この頃には近代科学の基礎が確立され、やがて産業革命がはじまります。工業生産が増大し、貿易によって他地域との食料の交換ができるようになり、さらなる人口増大が可能となりました。19世紀には、人口は200年前の倍の10億人となりました。また、衛生状態の改善や医療の発達も人口の増加に大きく貢献し、現在も増え続けています。今世紀末には100億人に達するのでは、ともいわれています。このように、農耕がはじまってからヒトの数は爆発的に増えました。しかし、ヒトの遺伝的多様性と有効集団サイズは、最終氷期におきた集団サイズの縮小の影響を色濃く残しており、依然として小さいままなのです。

　集団の個体数は容易に変化しますが、その集団がもっている遺伝的多様性の変化はもっとゆっくりしています。したがって、ある時点でのある2種の生物を比較したとき、個体数の大小関係と遺伝的多様性の大小関係が食い違うことがあります。高い遺伝的多様性をもつ種は、現在は個体数が少ないとしても、進化的には大きな個体数を維持してきたことになります。逆に、現在は非常に個体数が多いのに遺伝的多様性が低い種は、長い間集団サイズは小さくて、ごく最近（といっても、数千年とか数万年のレベルですが）に個体数が爆発的に増えた、ということになるのです。

❶ Schiffels, S., and Durbin, R. (2014), *Nat. Genet.*, **46**, 919–925.

Q52. 昔のヒトがどのような病気で亡くなっていたのか知ることはできますか？

Extra question

法医人類学は、現代人の骨の鑑定に力を発揮しますが、過去の人間についてもさまざまな推測が可能です。

時代とともに変化する骨

古い人骨からさまざまな情報を読み取るためには、現代人の骨の鑑定に必要な知識・経験に加えて、各時代での骨の特徴を知っておく必要があります。なぜならば、骨は時代とともに少しずつ変化しているからです。たとえば、鎌倉時代の人と現代人では、頭の形に違いがあることが知られています。鎌倉人は頭の幅にくらべて前後が長い「長頭」、いわゆる「才槌頭」の傾向がありますが、現代人は幅にくらべて前後が短い「短頭」、いわゆる「絶壁頭」のような形を示す傾向があります。そのことを知らずに鎌倉時代の骨を鑑定してしまうと、その当時では「正常」と考えられる特徴であっても、現代人の感覚で「異常」とみなしてしまう恐れがあるのです。それでは、骨から読み取れる情報として、具体的に「死因」に関してみていくことにしましょう。

外傷から得られる情報

骨にさまざまな外傷が見つかることがありますが、その傷が直接の死因になったのかは、分析技術が進んだ現代でも断定できない場合がほとんどです。たとえば、腕に切られた跡が見つかった場合、その傷によって「失血死」したのか、切られた部位から感染し「破傷風で死んだ」のか、骨だけからは判別できません。例外的に、頭部が切断されている場合などは、その傷を死因として確定することができます。

骨に残った外傷を調べるうえで、どのようにつけられたか（切られたのか、殴られたのか、落ちたのか）だけでなく、「傷が治っている途中なのか、もしあるとすればどの程度なのか」を見ることが重要です。骨には傷を自己修復する能力があるため、外傷を受けた後にしばらく生きた場合、傷が回復している痕跡を見て取れることがあります。もし大きな傷であっても治癒痕

跡があれば、その傷を負った後もしばらく生存していたことが確認できるわけです。たとえば、頭の骨に大きな亀裂があるにもかかわらず、治癒痕跡が見られる場合、傷を受けたが治療されずに生きていた状況、たとえば虐待など、があったと推測することができます。

骨に残る病気の痕跡

　骨に残された痕跡から特定できる病気の代表例として、がんが挙げられます。がんは骨に転移することがあり、特徴的な痕跡を残すのです。たとえば縄文時代の骨で、頭骨に虫食いのような穴がたくさんあいているものが見つかり、がんが死因になったと推定できたケースがあります。

　がん以外で骨に痕跡を残す病気というと、有名なのは梅毒です。梅毒患者は骨が破壊され、すねの骨（脛骨）や頭骨に穴が空いたりします。『解体新書』で有名な医師、杉田玄白（1733-1817）は、患者の70〜80％が梅毒患者だったと記しています。実際に江戸時代の骨を調査した結果、50％前後の罹患率だったと推定されています。ただし、骨から梅毒に罹患していたことはいえますが、それが死因であると特定することは困難です。

　このように、古い骨からもさまざまな情報が得られ、死因の推測まで可能なケースもあります。おおげさにいえば、「大昔の犯罪捜査」をしているようなものです。もし歴史上の有名な人物と特定できる骨が見つかったら、そこから生活ぶりや死因などさまざまなことが明らかとなり、歴史の教科書が書き換えられる……、なんてことがあるかもしれませんね。

第6章

わたしたちはどこからきた何者か？
―― 人類の進化と系統

- Q53 最初の人類はどのような姿だったのでしょうか？ ……………… 154
- Q54 ヒトの祖先はなぜ直立二足歩行するようになったのですか？ …… 157
- Q55 初期の人類はどのような環境で生活していたのでしょうか？ …… 160
- Q56 人類発祥の地はアフリカと考えてよいですか？ 最初にアフリカを出た人類の系統は何ですか？ ……………………………………… 163
- Q57 北京原人やジャワ原人は、わたしたち現代人とどのような関係にあるのでしょうか？ ご先祖様ですか？ ……………………………… 166
- Q58 ネアンデルタール人は野蛮な原始人だったのでしょうか？ ……… 168
- Q59 ネアンデルタール人はなぜ絶滅してしまったのでしょうか？ …… 171
- Q60 ヒトは世界中いたるところで生活していますが、アフリカからどのようなルートで拡散してきたのでしょうか？ ……………………… 173
- Q61 遺跡や古人骨のほかにも、ヒトの移動の道筋を知るヒントとなるものはありますか？ ………………………………………………… 175
- Q62 人類はいつから衣服を着るようになったのですか？ 何か証拠はありますか？ ……………………………………………………… 178
- Q63 日本人の祖先は、いつ頃、どこからきた、どのような人たちだったのでしょうか？ ……………………………………………… 180

Q53. 最初の人類はどのような姿だったのでしょうか？

Chapter 6

　人類の系統は、700万年前頃までに、現生のアフリカ類人猿であるチンパンジーやボノボの祖先の系統と分かれたことがわかっています。分岐するまでは、双方の共通祖先は、アフリカの森林に暮らしていたとされています。人類の祖先はその後、森から疎開林、そして草原へと出ていきますが、草原環境へ進出したのは約400万年前以降のことのようです。最初の人類、あるいはまだ森林にいたころの人類は、どんな姿をしていたのでしょうか。

最古の人類化石

　化石の研究は、絶滅してしまった人類の姿を知るための有力手段です。アウストラロピテクス・アファレンシス（以下、アファレンシス）という猿人の化石（通称「ルーシー」）は370万〜300万年前頃のものとされ、かつては最古の人類化石として知られていました。その特徴は、類人猿よりも頑丈な奥歯をもち、脳容積が小さい一方で、直立二足歩行に適した骨盤や後肢の構造を獲得していることです。これらの特徴から、アファレンシスは、すでに直立二足歩行を中心とした草原での生活に適応していたとされています。そのため、彼らの化石から、森林で生活していた"最初の人類"の姿を推測するのは困難でした。

　ところが、2009年10月、状況を一変させる化石の存在が明らかになりました。440万年前の人類、アルディピテクス・ラミダス（以下、ラミダス）の化石についての研究論文が、発表されたのです。ラミダスは最古の人類像を推測する大きなヒントとなりました。

直立歩行に適した骨盤

　直立二足歩行をするヒトと、おもに四足歩行をするチンパンジーとでは、骨盤の形状に顕著な違いがみられます。ヒトの骨盤はチンパンジーのものとくらべて、上下に短く、幅広いのが特徴です（図1）。一方で、アファレンシスはヒトとよく似た骨盤を獲得していたことが、化石から明らかです。

　では、ラミダスの骨盤の特徴はどうかというと、上部がチンパンジーより

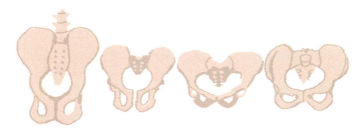

[図1 左からチンパンジー、ラミダス、アファレンシス（ルーシー）、ヒトの骨盤。ヒトの骨盤は、チンパンジーよりも上下に短く、幅が広いという特徴をもつ。アファレンシスはヒトとよく似た骨盤をもつことから、直立二足歩行をしていたと考えられる。ラミダスの骨盤はチンパンジーよりアファレンシスに似ており、やはり直立二足歩行を獲得していたことが推測される。]

もアファレンシスによく似ています。このことから、ラミダスはアファレンシスと同様、直立二足歩行を獲得していたことが推測されます。

把握性のある足

次に、ラミダスの足に注目しましょう。ラミダスの足の親指はヒトの手の親指と同様に、ほかの4本の指から大きく開くことができたようです。つまり、木の枝をつかむ能力をもっていたということです（図2）。ラミダスの足指の特徴は、ヒトよりもチンパンジーやゴリラに似ています。つまり、この特徴は、ラミダスが樹上生活をしていたことを示唆しているのです。

これらの証拠から、ラミダスは、樹上生活から地上生活への「移行型」の人類だったと考えられています。樹上生活をしていたとすると、草原ではなく森林で生きていた可能性が高いでしょう。つまり、人類が直立二足歩行を獲得したのは森林の中だった、ということになります。以前は、人類の祖先は草原に進出することによって直立二足歩行を獲得した、と考えられていました。しかしラミダスの発見以降、こ

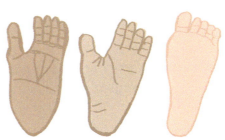

[図2 左からチンパンジー、ラミダス（化石から推測）、ヒトの足。ヒトの足の親指はほかの4本の指と向きがそろっているが、チンパンジーとラミダスは親指を大きく開くことができる。すなわち、木の枝をつかむ能力をもつ。]

の説は再検討を迫られています。

小さな犬歯

　次に、ラミダスの歯の特徴をみていきましょう。歯や顎（あご）の特徴は、その持ち主がどのような食物を食べていたのかを反映します。たとえば、ゴリラの頭骨と巨大な顎や歯は、葉や茎などの繊維質に富んだ食べ物への適応とみることができます。一方、チンパンジーとボノボは熟した果実を好んで食べるため、切歯（前歯）が巨大化しています。ラミダスの咀嚼（そしゃく）器と歯には目立った特徴がなく、雑食型の果実食の食性適応が示唆されています。これは、ラミダスの疎開林生活の想像を支持する証拠のひとつともなっています。

　また、ラミダスの歯の特徴で興味深いのは、犬歯が小さいことです。類人猿など多くのサル類で、犬歯の大きさは同性間の攻撃性を反映し、とくに繁殖をめぐるオス間競争が激しい種ほど、オスの犬歯が発達しています（Q34参照）。チンパンジーは、不安定な果実資源やメスをめぐる競争が激しいため、オスの攻撃性が強く、犬歯の発達が目立ちます。ラミダスの犬歯が小さいという特徴から、集団内で、オス間の攻撃的な競争はそれほどでなかったと推測されています。また、ラミダスには、オスの育児の貢献や、一夫一妻的な社会性があったのではないかとする仮説もあります。

人類最古の祖先像

　以上から、ラミダスを手がかりに、人類最古の姿を想像してみましょう。まず、ラミダスがチンパンジーのように縦横無尽な樹上生活を営んでいたとは考えにくく、1日の中で樹上にいる時間は短かったはずです。もしかすると、夜行性の肉食獣たちを避けて夜の寝泊まり場を樹上につくっていた程度かもしれません。つまり、人類最古の祖先像は、「森林生活に適応した動物の中で、直立二足歩行を獲得した種」と表現するのが適当でしょう。

　では、ラミダスは日中どんな行動をとっていたのでしょうか。彼らが、樹上の寝床に依存していたとすると、直立二足歩行を駆使し、疎開林や草原に食物を探しにでても、夜ごとに森林環境に戻ってこなければなりません。つまり、地上における日中の行動範囲には制限があったと推測できます。

❶ White, T.D., *et al.* (2009), *Science*, **326**, 64-86.

Q54. ヒトの祖先はなぜ直立二足歩行するようになったのですか？

Chapter 6

　ヒトの祖先が直立二足歩行をするようになった理由は、現在も論争の的となっていて、さまざまな仮説が唱えられています。かつて有力視されていたのは、気候変動により祖先の生活していた森が減少し、草原という新たな環境に適応する必要に迫られたから、という説です。草原での移動様式としては、直立二足歩行がより望ましい、との考えでした。最近では、食物を両手にもって運べることが進化上有利に働いた、と考える説も支持を集めています。これらの仮説について詳しく見ていきましょう。

直立二足歩行の準備

　われわれの祖先がアフリカで直立二足歩行をはじめたのは、化石の記録から確かと思われます。しかし、それがいつ、アフリカのどこで起こったのかはよくわかっていません。というより、"いつ"と表現できるほど急な変化ではなかったのでしょう。いくつかの変化が積み重なり、準備期間を経て直立二足歩行を獲得したと考えられます。まず、直立二足歩行の準備、あるいは前適応について考えてみましょう。

　チンパンジーやゴリラ、オランウータン、テナガザルといった現生の類人猿を観察すると、直立二足歩行につながるような運動をしていることがわかります。たとえば、これらの類人猿は、上肢を使って木の枝にぶら下がり、腕渡りで移動することがよくありますが、このとき胴体は重力のために鉛直になります。その胴体の姿勢は、直立しているときとよく似た状態です。また、チンパンジーが垂直木登りするときの後肢の筋活動は、二足歩行のときとよく似ていることが指摘されています。さらに、類人猿は立位姿勢を保ちながら、高い木の枝の上を後肢だけで伝い歩きすることがあります。これは、地上での直立二足歩行につながる行動のようにも見えます。

　これらの現生類人猿の運動様式が、霊長類の共通祖先から受け継がれたものだとすると、人類の系統が分岐する前に直立二足歩行への"前適応"が生じていたのかもしれません。では、なぜ人類だけが生活の場を地上に移し、直立二足歩行をおもな移動様式とするようになったのでしょうか。

直立二足歩行をはじめたのは草原か？森か？

　以前は、ヒトの祖先が生活していた環境が森林から草原へと急激に変化したために、直立二足歩行への移行を強いられたという考えが主流でした。草原で直立することには、天敵となる肉食獣などに見つかりやすいというデメリットがありました。一方で、より広い範囲の状況を把握でき、天敵や獲物の存在により早く気づけるというメリットもあります。直立二足歩行を草原への適応ととらえるのは、このメリットをより重視した考えかたでしょう。

　しかし、2000年代に入って、森林から草原への環境変化が直立二足歩行をうながしたという説の根拠が揺らいでいます。直立二足歩行したと思われる猿人、サヘラントロプス・チャデンシスの出土した700万年前の古環境を分析した結果、初期人類が森でも生活していたことを示唆する証拠が見つかったのです（詳しくはQ55を参照）。さらに、440万年ほど前の地層から、樹上生活と地上での直立二足歩行の両方に適した特徴をあわせもつ、ラミダス猿人の全身骨格化石も発見されました。現在では、初期人類は草原ではなく、森の中で生活していた可能性が高まっています。その森は、木の少ない開けた場所や水辺などもある、多様な環境であったと考えられています。

　しかし、ヒトの祖先が直立二足歩行をはじめた場所が草原だったのか、森の中の地上だったのか、木の上だったのか、まだ確定したわけではありません。どこかに限定するよりも、むしろ、森の中で直立二足歩行をおこなう頻度を高め、草原で完全な移行を果たした、という説明が妥当かもしれません。

食料確保説とプレゼント説

　上で紹介した初期人類が直立二足歩行を開始した理由は、環境への適応という視点に立った説です。それとは別に、この移動運動様式が生存や繁殖に有利な行動をもたらしたために広まった、という考えかたもあります。

　直立二足歩行は両手を自由に使うことを可能にします。その結果、一度に多くの食物を抱えて運べるようになり、食物を確保するという観点で有利です。自分が食べるための食物を多く確保できた個体は、それだけたくさんの栄養を摂取できます。食物の確保と直立二足歩行の関連を示唆する研究を紹

介しましょう。2012年に、野生のチンパンジーの摂食行動を観察した研究が発表されました。❷この研究チームは、好物のナッツとそうでもないナッツを混ぜてチンパンジーに与え、彼らのエサの持ち運びを観察しました。すると、チンパンジーは好物のナッツだけをできるだけ多く両手で持ち運ぶ傾向が強まり、安心して食べられる場所に持って行くために二足で歩く頻度が増したのです。これは、彼らが欲しい食物を競合する仲間に取られないよう独占して確保しようとするときに、自然と二足歩行を頻繁におこなうことを示しています。

両手で食物を抱えて二足歩行するという行動に注目した有名な仮説として、「プレゼント仮説」があります。❸これは、より多くの食物をメスにプレゼントできたオスがメスに気に入られやすく、二足歩行して両手に多くのプレゼントを抱えることができるオスが交尾のチャンスを得やすかった、とする考えかたです。二足歩行の行動特性をもつオスがより多くのメスと交尾できるとすれば、世代を経るごとに二足歩行をする個体の割合が増えていくことにつながっていったでしょう。

直立二足歩行の弊害

直立二足歩行にはデメリットもあります。もちろん、進化上のメリットが大きかったからこそ、この移動運動様式を獲得したのですが、それがヒトの一生においては困った事態をもたらすことも少なくありません。

われわれは、直立二足歩行に特有の疾病に悩まされるようになりました。その例として、腰痛、ヘルニア、胃下垂、膝の関節炎などが挙げられます。これらは、体幹を立てて重い頭や上半身を下半身だけで支えているために生ずる症状と考えられています。また、内臓全体を骨盤と骨盤の底にある筋肉だけで支えるため、これらが緩むと脱腸や痔、女性特有の尿漏れなどの不具合を起こす危険性も出てきました。さらに、内臓を支えるために骨盤の形状が変化したことが、ヒトの難産の原因のひとつであると考えられています（Q36参照）。

❶ Thorpe, S.K.S., *et al.* (2007), *Science*, **316**, 1328-1331.
❷ Carvalho, S., *et al.* (2012), *Curr. Biol.* **22**, R180-R181.
❸ Lovejoy, C.O. (2009), *Science*, **326**, 74-74e8.

Q55. 初期の人類はどのような環境で生活していたのでしょうか？

　人類や類人猿の祖先が生活していた場所は、化石の分布から知ることができます。しかし、気候は一定ではないので、その場所が当時どのような環境であったかを知るのは困難です。ここでは、古代の環境（古環境）を復元する手法を紹介し、その分析結果から初期人類の生活環境について考えます。

動物化石による古環境の推定

　古環境の推定方法のひとつは、初期人類と同時代の地層から出土した動物化石の種を同定し、それに近縁で骨の形も似た現生種の生息環境と同等の環境が、当時その場所にあったとみなす方法です。中でも顎や歯は、最も頻繁に摂取する食物に適応した形態になっていると考えられるので、その動物の生息環境を推定する根拠になります。たとえば、葉を食べる動物と果実を食べる動物では、歯の形や長さ、大きさ、摩耗のしかたなどが異なります。ある地層から、多くの果実食と葉食の化石動物が見つかったならば、その場所にはかつて果実を実らせる多くの樹木があった、と推定できるわけです。

花粉化石や同位体元素による古環境の推定

　植生の復元には、花粉化石が利用されることもあります。ただ、初期人類や動物化石の産出地では、花粉は必ずしも保存されません。そこで、より広い地域の花粉を調べて古環境の推測に役立てます。花粉は風で海の上にまで運ばれ、海底に堆積します。したがって、たとえば東アフリカ沖の海底堆積物のコアを調べることで、初期人類の生息地周辺の環境変化を推定できます。図1左は、海底コアに含まれるすべての花粉化石に占める、乾燥地域特有の植物の花粉の割合を示したグラフです。複雑な変動を繰り返していますが、約250万年前を境に、乾燥地の花粉の比率が増してゆくのがわかります。

　また、化石産出地の地層に含まれる炭素の安定同位体組成（微量に存在する ^{13}C の相対的な含有量）から、当時の草原の広がりを類推する方法もあります。これは、低緯度地域では、草とそれ以外の樹木などの植物との間で炭素の ^{13}C 濃度が少しだけ異なり、その違いが土壌にも表れることを利用する

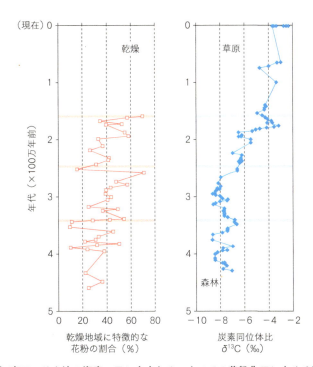

[図1（左）東アフリカ沖の海底コアに含まれる、すべての花粉化石に占める乾燥地域に特徴的な花粉の割合の変動（およそ500万〜150万年前）。右側のプロットほど、乾燥地域の花粉の割合が増えている。（右）アフリカのトゥルカナ盆地の地層から得られた炭素同位体比の変動（約450万年前以降）。右へいくほど^{13}Cが多いこと、すなわち草原が増えたことを示す。両方のデータから、約250万年前以後の乾燥化に伴って草原が拡大したことが読み取れる。]

ものです。図1右に、人類化石の産出地として有名なアフリカ東部のトゥルカナ盆地の地層で得られたデータを示します。横軸が^{13}Cの含有量を示し、草原環境が卓越するほど右側にプロットされます。約250万年前から^{13}Cの割合の増加が顕著で、どんどん草原化が進んだことを示唆しています。

東アフリカ沖の花粉の記録とトゥルカナ盆地の古土壌の分析結果から、かつての東アフリカは現在ほど乾燥していなかったことがわかります。250万年前頃から乾燥化が進行し、地溝帯の各地で草原が広がったようです。

初期人類の環境をさぐる

類人猿や初期人類の化石が多く見つかるアフリカ中東部の大地溝帯周辺で

は、動物や植物の化石も多く発見されています。それらの情報をもとに、昔の類人猿や初期人類が生活していた古環境について考えてみましょう。

　約2,500万〜1,000万年前の地層からは、さまざまな類人猿、多様な葉、花、枝、果実、樹木、さらには大きなニシキヘビをはじめとする森林適応型の動物化石が多く見つかります。一方、ホモ属が出現した約200万年前以降の地層からは、レイヨウ類やハイエナやゾウなど草原に適応した動物化石が多く見つかります。つまり、人類と類人猿の共通祖先の時代やそれ以前は、豊かな森林環境が維持されていましたが、初期人類が出現した後には、パッチ状の森林と疎開林が中心のサバンナや、さらに樹木の少ない草原環境が複雑に混ざりあっていたと考えられています❷。つまり、初期人類は、乾燥化が進むアフリカで、豊かな森林から開けた草原へと生息の場を変えていったようです。

　しかし、その詳細は謎に満ちています。たとえば、人類の特徴のひとつである直立二足歩行を獲得したとき、まだ森林で暮らしていたのか、どれだけ草原へ進出していたのか明らかではありません。一例として、直立二足歩行をしていた初期人類の一種、アルディピテクス・ラミダスの生活環境を考えてみましょう（詳細はQ53参照）。

　ラミダスの化石が産出した周辺地層からは、コロブス（葉食のサルの一種）やブッシュバック（森林から疎開林の中型レイヨウ）といった大型哺乳類、小動物や鳥類（とくにインコ類）、ノネズミ類・ヒミズ類・コウモリなどの小型哺乳類、さらには昆虫の痕跡、植物片の化石が産出しました❷。また、ラミダスの歯の化石からは、彼らが現生の類人猿以上に雑食だったと考えられています。茎や葉などの繊維質の多い植物を多く食べる動物（たとえばゴリラ）の歯に見られる特徴や、熟した果実を好むチンパンジーのような歯の特徴（切歯の大型化など）がないためです。このような根拠から、ラミダスは森林から疎開林を含む多様な環境で、さまざまな食物を摂取して生息していただろうと考えられています。

❶ Bonnefille, R. (2010), *Glob. Planet. Change*, **72**, 390-411.
❷ White, T.D., *et al.* (2009), *Science*, **326**, 64-86.

Q56. 人類発祥の地はアフリカと考えてよいですか？ 最初にアフリカを出た人類の系統は何ですか？

Chapter 6

　人類はなぜ、アジアやヨーロッパではなく、アフリカで誕生したとされているのでしょうか。アジアにもオラウータンやテナガザルといった類人猿がいることを考えると、不思議に思いませんか。ここでは、初期の人類とされる化石が出土した場所や、人類進化の仮説を紹介しながら、人類発祥の地をアフリカと考える妥当性や、後に出アフリカを果たした人類について解説していきます。

人類がアフリカで誕生したとされる根拠

　最新の研究成果から、人類の系統は、約1,000万〜700万年前の間にアフリカで誕生したという説が、現在では支持を得ています。人類誕生の"年代"は、まだはっきりわかっていないものの、"アフリカ起源"はほぼ定説化しています。その根拠は2つあります。ひとつは、現生動物の中で、遺伝情報（DNAの塩基配列）がヒトと最も似ているのは、チンパンジーやゴリラといったアフリカにのみ生息する類人猿であることです。もうひとつの理由は、これまでに人類化石が発見された場所の分布です。すなわち、200万年前より古い人類化石はアフリカ以外で見つかっていないことが、強い根拠となっています。

　では、さらに細かく人類発祥の地を探っていきましょう。アフリカといっても広大です。人類はアフリカのどの地域で誕生したのでしょうか。

草原か、森か？

　1980年代までは、猿人化石の発見場所といえばアフリカ東部が中心でした。この地域は、約2,000万年前から形成がはじまったとされるアフリカ大陸の裂け目、すなわち大地溝帯にあたります。大地溝帯には、地球内部のマントル対流の影響で、大陸の裂け目とともに多くの山々が形成されました。とくに数百万年前から高山帯が発達し、その結果、西から流れ込む湿気を帯びた空気が遮られることになりました。そのため、猿人の生息する地域では乾燥化が進み、森が減少したとされています。

1982年、フランスの人類学者イブ・コパン博士（Yves Coppens, 1934-）によって「イーストサイドストーリー」と呼ばれる仮説が提唱され、人類誕生を説明するものとして有力視されました。アフリカ東部の環境変化により、一部の類人猿は拡大する草原に隔離され、そのため、樹上生活から地上生活への移行を余儀なくされた、というものです。草原で四足歩行をしていると草に視界を遮られ、ハイエナなどの天敵の発見が遅れてしまいます。草より上に顔を出し、視野を広げられる直立二足歩行のほうが有利と考えられます。そのため、直立二足歩行が可能な類人猿が選択され、その類人猿たちがやがて人類へと進化したともいわれたようです。ただし、この仮説は、厳密な学説というよりは一般向けに唱えられたもので、単純化しすぎたものでした。

　その後、イーストサイドストーリーにはそぐわない人類化石も発見されました。2002年に中央アフリカのチャドで発見された、サヘラントロプス・チャデンシスです。この化石は約700万〜600万年前のものとされており、大地溝帯で発見された人類化石と同等に古いのです。人類の起源がアフリカにあることはほぼ間違いありませんが、アフリカの"どこ"なのかは、まだはっきりわかっていません。現在では、コパン博士のこの説は、自らが撤回しています。

初めてアフリカを飛び出した人類

　ここからは、人類進化の歴史をおさらいしつつ、アフリカ大陸を出てユーラシア大陸へと最初に旅立った人類の系統について考えてみましょう。

　アフリカで誕生した初期人類は「猿人」です。最初の猿人は直立二足歩行を獲得していたものの、体つきはまだ類人猿と似るところも多く残っていました。脚が短く、足の親指が開いていて、脳もまだ小さかったようです。猿人に属す人類化石はさまざまな年代（700万年前近くから130万年前頃まで）の地層から見つかっており、また発見地域も複数ありますが、いずれもアフリカ大陸内です。したがって、猿人がアフリカを出ることはなかったと考えられています。

　約250万年前に、後の「原人」につながる最初のホモ属が猿人から進化しました。化石から、彼らが猿人とあまり変わらない大きな歯をもちながら、わずかに大きな脳をもっていたことがわかっています。最初のホモ属か

ら原人になるまでに、急激に脳を大型化させ、身長も高くなり、よりヒトに近い体つきになりました。じつは、人類として初めてアフリカを出てユーラシアへと渡ったのは、この最初期の原人で、それはおそらく約180万年前のことだったと考えられています。その根拠となるのは、近年西アジアで発見された、脳がまだそれほど大きくなっていない原人化石です。その後、彼らは東ユーラシアやインドネシアにも広がり、北京原人やジャワ原人へと進化しました。

原人以降の人類の拡散

　原人よりもさらに脳が大型化し、よりヒトに近い特徴をもつ「旧人」の化石も、アフリカ以外の各地で見つかっています。旧人の中で最も有名なのは、約30万〜3万5000年前頃にヨーロッパから西・中央アジアにかけて分布していたとされるネアンデルタール人でしょう（詳細はQ58参照）。ほかにも、アフリカではおおよそ60万年前、アジアでも20万年前の遺跡から旧人化石が発掘されています。60万年前頃までにアフリカの原人が旧人への進化を遂げ、その一部が西アジアとヨーロッパに拡散したと考えられています。同時代のヨーロッパや東アジアには別な旧人か、原人がいたとされていて、お互い複雑に交雑したかもしれません。

　その後、約20万年前のアフリカで、額が高い頭骨を持つ「新人」、ヒトが誕生します。彼らの残した遺跡では、装飾品や萌芽的な芸術品、あるいは複雑な道具など、より高い知能行動の表れと思われる証拠が徐々に増えます。そして、約4万年前以降、新人の化石は旧大陸のほぼすべての地域から見つかることから、この年代までに全世界へ拡散したとされています。一方、ユーラシアですでに生活していた原人や旧人は、新人の直接の祖先ではないことが明らかになっています（Q57参照）。

　つまり、アフリカを出た最初の人類は原人で、その後も旧人、新人が順にアフリカを出て行きました。猿人の時代はとても長く続いたのに、彼らは結局アフリカの外にその痕跡を残すことがありませんでした。原人以降の人類が"出アフリカ"に成功したのはなぜなのでしょうか。いろいろな理由が絡んでいたでしょうが、猿人にはない高い知能と高度な技術を備えていたからかもしれません。

Q57. 北京原人やジャワ原人は、わたしたち現代人とどのような関係にあるのでしょうか？ ご先祖様ですか？

700万年前にアフリカで誕生した人類は、約180万年前の原人だった頃にアフリカからユーラシアへと生息範囲を広げていきました。「北京原人」や「ジャワ原人」と呼ばれる人類はその代表例ですが、彼らは現代のヒトとどのような関係にあるのでしょうか。

多地域進化説からアフリカ単一起源説へ

北京原人やジャワ原人は、ホモ・エレクトスというホモ属の仲間です。彼らユーラシアに進出したホモ・エレクトスの集団が、お互いに遺伝的に交流しながら、それぞれが現在の東アジア人や東南アジア人の祖先となったとする仮説があります。これは「多地域進化説」と呼ばれています。今のところ、多地域進化説を支持する有力な証拠は見つかっていません。むしろ、各地の原人たちがヒトにはない特徴を進化させていった証拠が得られています。たとえば、数十万年前のジャワ原人の頭骨化石から、現代のヒトでは消失している眼窩上隆起の外側の部分が時代とともに肥大化していたことがわかりました。❶

一方、アフリカ大陸では、眼窩上隆起が消失した初期の人類の化石が発見されています。また、ミトコンドリアDNAの研究から「現代人の共通祖先は、およそ20万年前のアフリカにいた」と結論づけられました❷。これらの証拠から、ヒトはアフリカ大陸で誕生し、その後世界各地に散らばったとする「アフリカ単一起源説」が有力視されています。

アフリカの外で原人と新人は出会ったか？

北京原人やジャワ原人は現代人の祖先ではありませんでした。では、アフリカ

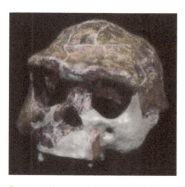

【図1　ジャワ原人の頭骨化石の模型（国立科学博物館所蔵）】

からアジアへの進出を果たしたヒト（新人）が、原人たちと出会うことはあったのでしょうか。中国では北京原人は40万年前頃に姿を消したので、5～4万年前にこの地域に現れた新人と出会うことはなかったでしょう。しかし東南アジアのジャワ島では、百数十万年前から10～5万年前頃までジャワ原人が生息していたことがわかっています。彼らが新人と遭遇した可能性は十分にありますが、まだそのはっきりとした証拠は見つかっていません。インドネシアのフローレス島で発見されたホモ・フロレシエンシスという原人も、もしかすると新人と出会っていたかもしれません（Q03参照）。

旧人はどうだった？

では、原人より後の時代に登場した旧人はどうでしょうか。ネアンデルタール人は、ヨーロッパを中心に生息していた旧人です。多地域進化説では、ネアンデルタール人を現代のヨーロッパ人の祖先とみなしてきましたが、これもやはり現在では否定されています。しかし、発掘された化石や石器などの証拠から、ヒトとネアンデルタール人は同じ時代にヨーロッパで生活していたことが明らかになっています。たとえば、イスラエルのカフゼーでは、10万年前のヒトの化石が発掘され、同じくイスラエルのアムッドからは、6万年前のネアンデルタール人の化石が発掘されました。

では、ネアンデルタール人とヒトは接触したのでしょうか。この疑問を解決する大発見が2010年に報告されました。クロアチアで発見された化石から、ネアンデルタール人の全ゲノム情報を解読することに成功したのです。❸ その結果、現在の非アフリカ人のゲノムの1～4％は、ネアンデルタール人のゲノムに由来することが明らかになりました。ネアンデルタール人とヒトが平和的に交流したのか、それとも敵対関係にあったのかはわかりませんが、両者がなんらかの形で交流し、混血したことはほぼ間違いないようです。

ユーラシア大陸の原人や旧人は百万年近い年月を生きてきましたが、その直接の子孫は現代まで生き残ることはできず、姿を消してしまいました。彼らの痕跡は、わずかに現代人のゲノム情報に残るのみです。

❶ 海部陽介（2005），『人類がたどってきた道—"文化の多様化"の起源を探る』，日本放送出版協会．
❷ Cann, R.L., and Wilson, A.C. (2003), *Scientific American*, **13**, 54-61.
❸ Green, R.E., *et al.* (2010), *Science*, **328**, 710-722.

Q58. ネアンデルタール人は野蛮な原始人だったのでしょうか？

Chapter 6

　以前は、上の質問にあるように、ネアンデルタール人は「野蛮でのろまな原始人」だったと考えられていました。そもそも、ネアンデルタール人が広く知られるきっかけになったのは、ダーウィン（Charles Darwin, 1809–1882）の『種の起源』（原著初版の出版は1859年のこと）だといわれています。この歴史的名著が発表されると、人類の進化への関心が高まり、その直前に化石が発見されていたネアンデルタール人が脚光を浴びました。その後現在にいたるまで、最も有名な化石人類として広く知られています。図1は、1909年に描かれたネアンデルタール人の絵です。全身がびっしりと体毛に覆われ、現代人とは大きく異なった姿として復元されています。なぜ当時はこのような解釈がされたのでしょうか。

　たとえば、初期の化石の分析からは「背中が曲がっていた」とされていました。ただし、非常に少ない化石から得た結論を一般化するのは危険です。

【図1　1909年に描かれたネアンデルタール人の想像図。背中が曲がり、全身が体毛に覆われており、現代人とは大きく違った姿として描かれている。「ネアンデルタール人は野蛮人」という当時のイメージが色濃く反映されている。（SPL/PPS通信社）】

近年は、ネアンデルタール人の前後の時代の化石が増えてきて、より多くの情報が得られています。また、骨の力学的な理解が進み、彼らの運動や姿勢についてもより正確な解釈が可能になりました。その結果、現在では、ネアンデルタール人は「髪や体毛を剃って、スーツを着せてしまえば、ニューヨークで地下鉄に乗っていてもわからない」ほど、現代人に似ていたと考えられています（図2）。初期に発見された化石は、高齢のために背中が曲がった個体のものだったと解釈されています。

多様な食糧

次に、ネアンデルタール人の「食」について考えてみましょう。まず、彼らの遺跡から、木の先端に石器をくっつけた槍のようなものが見つかっており、それを使った狩猟をしていたことが推測できます。「野蛮」なイメージからは、生肉をむさぼるような食生活が連想されます。しかし、実際には、ネアンデルタール人は火を使うことができたようですから、狩猟で得た肉は焼いて食べていたでしょう。

また、後期まで生き残った一部のネアンデルタール人は、食べ物の種類が

【図2　ネアンデルタール博物館（ドイツ）に展示された、スーツを着せたネアンデルタール人の復元像。ニューヨークで地下鉄に乗っていても、現代人ではないとは気づかれないかもしれない。（AGE/PPS通信社）】

多様になっていたという説があります。以前は、陸上性の哺乳類のみを食べていたと考えられていましたが、遺跡から大量の貝殻が見つかったことで、ネアンデルタール人も貝などを食べていた可能性が出てきたのです。遺跡からは、オットセイやアザラシの骨も見つかっているので、それらを狩猟して肉を食べていた可能性もあります。食糧に関しては、従来考えられていたほどには、ヒトとの差はなかったのかもしれません。

ネアンデルタール人の文化

では、ネアンデルタール人はどのような文化をもっていたのでしょうか。いくつかの例から考えてみましょう。

まずは、シンボリック（象徴的）な行動としての「埋葬」についてです。複数のネアンデルタール人骨が「寝転がった状態」で発見されていることから、屈葬がおこなわれていたのではないかと考えられています。もしかすると、それらの骨が発掘された場所は、ネアンデルタール人の墓だったのかもしれません。また、それらの「墓」には、特徴的な形の自然礫やきれいな色の石器などが発見されることもあり、それらを副葬品と考える研究者もいます。これらのことから、直接的な証拠はありませんが、ネアンデルタール人は死者を悼（いた）む気持ちをもっていたと考えるのが自然でしょう。

つぎに、ネアンデルタール人の「社会」はどうなっていたのでしょうか。直立二足歩行の起源として提案された食料運搬仮説（Q54参照）からは、チンパンジーとの共通祖先から人類が枝分かれした初期に、「家族」のシステムが誕生したと考えられています。つまり、家族で食料をシェアするという行動があったと推測されます。よって、初期人類よりもずっと現代人に近いネアンデルタール人にも、家族レベルの「社会性」はあったと考えても間違いないでしょう。しかし、血縁関係を越えた社会性についてはほとんどわかっていません。ただし、ネアンデルタール人は集団で狩りをしていたと考えられているので、ある程度の協力関係は存在していたようです。

現在までに得られている（間接的な）証拠は、「野蛮な原始人」というネアンデルタール人に対するかつてのイメージを葬りつつあります。彼らは、同時代のヒトとくらべて、それほど見劣りしないような行動・生活をしていたことが推察されます。

Q59. ネアンデルタール人はなぜ絶滅してしまったのでしょうか？

ネアンデルタール人はおよそ4万年前に絶滅した、といわれています。ネアンデルタール人の絶滅の原因については、さまざまな仮説が提唱されていますが、じつはまだよくわかっていません。

約4万5,000年前には、ヒト（ホモ・サピエンス）がヨーロッパに進出しています。以降、ネアンデルタール人が絶滅するまで、2種類の人類は5,000年以上共存していたと考えられています。ネアンデルタール人はホモ・サピエンスとの競争ですぐに絶滅に追いやられたわけではないのです。では、最終的に両者の運命を分けたものは何だったのでしょうか。

ヒトとの直接的な争いはあったか？

ネアンデルタール人とヒトは、生きた時代だけでなく、住んでいた地域も重なっていたと考えられています。ネアンデルタール人が先に進出していた地域にヒトが後から進出し、両者がそこで生活していた時期があったのです。やがて、ネアンデルタール人だけが絶滅しました。しかし、そこで直接両者が争ったという証拠はありません。直接出会ったときにはお互い避けていたのかもしれません。

直接の争いがなかったとしたら、なぜネアンデルタール人はヒトの侵入後に絶滅してしまったのでしょうか。ここでは、いくつかの代表的な仮説を紹介しましょう。

気候変動

ネアンデルタール人が絶滅したと考えられている4万年前は、地球全体で気候が寒冷化していく時期にありました。人類がこの時代を生き抜くには、まず寒さをしのぐ術が必要でした。また、森林が草原に変わるなど生態系に大きな変化が生じ、狩りの獲物や方法を変える必要に迫られたことでしょう。

単純に考えれば、寒冷化に適応できなかったために絶滅したというのは、そう不自然ではありません。しかし、実際には、ネアンデルタール人は以前

にも氷期を乗り越えていたと考えられており、それほど簡単な話ではないようです。気候変動がゆるやかであれば対応できたはずが、変化が急激だったためにうまく対応できなかった、という可能性は考えられます。その結果、ネアンデルタール人の大きな集団が分断され、集団を持続できなくなったとする考えは、ひとつの有力説です。

文化的なレベル

ネアンデルタール人とヒトとの文化的なレベルの差に着目した仮説があります。たとえば、ヒトは針を使った縫い物をしたと考えられていますが、ネアンデルタール人が針を使った証拠はありません。この違いは、両者の寒冷化への適応力に差を生じさせたかもしれません。

また、利用する食物の多様性の差が、両者の運命を分けた可能性も考えられています。ヨーロッパに侵入したヒトは、初期のころから動物だけでなく木の実などさまざまなものを食べていました。一方で、ネアンデルタール人の食物は大型の哺乳類がほとんどだったために、気候変動に伴って食糧が不足した可能性もあります。また、生存に必要なエネルギー量もネアンデルタール人の方が多かったという説もあります。食糧をめぐる競争においてはネアンデルタール人に不利な要素が多く、ネアンデルタール人の絶滅に大きな影響があったかもしれません。

感染症

まったく別な可能性として、ヒトが持ち込んだ感染症が原因となったという仮説があります。つまり、ヒトはそれらの感染症に対する免疫をもっていたのに対し、ネアンデルタール人は免疫をもたなかったため、絶滅に追い込まれたという可能性です。ヒトの歴史においても、ヨーロッパから南米大陸に持ち込まれた感染症（天然痘など）により先住民の多くが亡くなるなど、ある人類集団が感染症の影響を大きく受けた例もあります。このような可能性もまったくなかったとは言い切れません。

さまざまな仮説を紹介しましたが、まだ「定説」と呼べるようなものはなく、現在も議論がなされています。今後の研究によって、絶滅の時期や原因についての詳細が解明されていくかもしれません。

Q60. ヒトは世界中いたるところで生活していますが、アフリカからどのようなルートで拡散してきたのでしょうか？

ホモ・サピエンスの出アフリカ

　ヒト（ホモ・サピエンス）は、いつ頃アフリカ大陸を出て世界各地へと進出したのでしょうか。これを考えるには、アフリカ大陸の外で見つかった古いヒトの化石がヒントになりそうです。たとえば、イスラエルのスフール遺跡とカフゼー遺跡で約10万〜8万年前の化石が見つかりました。しかし彼らは、ユーラシア大陸の広い範囲には拡散しなかったと考えられています。また、西アジア周辺の8万〜5万年前頃の地層からは、ヒトの化石は見つからず、代わりにネアンデルタール人の化石が産出するようになります。

　これらの調査結果から、次のようなシナリオが考えられています。10万年前頃の比較的温暖な時期に、アフリカ大陸で生まれたヒトの一部集団が西アジアへ移住しました。しかしその後、気候が寒冷化したためか、あるいはほかの理由なのかわかりませんが、彼らはこの地から姿を消します。一方、寒いヨーロッパに分布していたネアンデルタール人の一部集団が、この時期に、より暖かいイスラエルのあたりまで南下してきました。

　しかし、4万2000年前頃のヨーロッパに、突如としてヒト（クロマニョン人）が現れます。やがて彼らは縫い針をつくるようにもなり、おそらく動物の腱などでつくった糸を用いて、皮を縫い合わせた衣服を着るようになりました。道具や技術を発達させて、寒い地域での生活を可能にしたのです。

アフリカ大陸からユーラシアへの移動

　それでは、ヒトはいつ・どのようなルートでアフリカからユーラシアへ広がったのでしょうか。じつは、化石や遺跡などの証拠が乏しく、出アフリカの時期や移動ルートに関して、はっきりしたことはわかっていません。

　ここでは、2つの可能性を紹介します。1つ目は、およそ10万〜6万年前に、アフリカ東部のソマリ半島からアラビア半島の南端へと渡ったというルートです。その後、海岸沿いにアラビアからインドを抜けて東南アジアに達した集団がいた、と考えられています。2つ目の可能性は、およそ5万年前

にアフリカ大陸北部からエジプトのシナイ半島へ抜けて、中東へと渡ったというものです。ただし、この2つのルートのどちらか一方が正しいとは言い切れません。どちらのルートも利用されたのかもしれませんし、第3、第4のルートがあった可能性も十分にあります。

新大陸への移動

　次に、アフリカとユーラシア以外の大陸への移動について考えてみましょう。ヒトがユーラシアの次に発見した大陸はオーストラリアだと考えられています。16世紀、ヨーロッパの人がはじめてオーストラリアを訪れたとき、この大陸にはすでに、アボリジニと呼ばれる先住民族がいました。アボリジニの祖先は、およそ5万年前に東南アジアから舟でやってきたと考えられています。インドネシア地域の島から島へ移動しているうちに、オーストラリア大陸にたどり着いたのでしょう。残念ながら、オーストラリアの最初の移住者が航海に用いた舟は見つかっていません。ただ、到達後に人が大陸のあちこちに広がって人口が増えたらしいことから、ある程度まとまった人数が移動したと考えられます。

　広いユーラシア大陸で拡散し続けたヒトは、さらなる居住地を求めてアメリカ大陸へと渡りました。現在、シベリア（ユーラシア大陸）とアラスカ（アメリカ大陸）を隔てるベーリング海峡は浅く、最も深い場所でも海面から海底まで50mほどです。最終氷期には海面が現在より100〜150mも低下していた時期もあり、この時期ベーリング海峡は陸続きになっていました。つまり、ヒトは歩いてユーラシア大陸からアメリカ大陸へ移動できた可能性があります。はじめてアメリカ大陸に足を踏み入れた時期については、北米で見つかっている遺跡の年代から、1万4000年前頃と考えられています。

　なぜヒトは住み慣れたアフリカを出て、新天地をめざしたのでしょうか。それまで住んでいた土地が海面上昇によって生活に適さなくなった、人口増加によって生活空間や食糧が不足したなどの理由で、新たな土地へ移住する必要があった可能性はあります。しかしもしかすると、20万年前にアフリカ大陸で誕生したヒトが世界中に拡散した理由は、必要に迫られたからだけではなく、ヒトが未知の土地への好奇心をもっていたからかもしれません。

Q61. 遺跡や古人骨のほかにも、ヒトの移動の道筋を知るヒントとなるものはありますか？

遺跡や古人骨を使わずに、現代人が保有するウイルスの種類やその系統を地域ごとに調べることで、古代のヒトのウイルスの感染ルートや生態、生活習慣、行動などの感染背景がわかります。2014年に日本での流行が話題になったデング熱や、世界的に流行したエボラウイルス疾患（エボラ出血熱）のウイルス、そしてヒトT細胞白血病ウイルス1型を例にとり、考えてみましょう。

ウイルス感染の広がりからわかること

デング熱は、デング熱ウイルスに感染した蚊（ネッタイシマカやヒトスジシマカ）を媒介として熱帯地方で流行するウイルス性の病気で、一般的にヒトからヒトへの感染はしません。デング熱ウイルスは通常、日本には存在しないので、2014年に流行した際には、誰かが国外の流行地から日本へ持ち込んだ可能性が強く疑われます。また、ヒトスジシマカの行動範囲は半径50m程度と知られているため、日本国内でデング熱が広がるとすれば、その理由は蚊の移動ではなく、感染したヒトの移動と特定できます。つまり、感染者が長距離を移動して、その先で蚊がウイルスを媒介したと考えられるのです。

一方、エボラ出血熱はデング熱同様、ウイルス感染によって発症する病気ですが、感染者の汗や血液などを介してウイルスが移動します。このウイルスの広がりには、複数の感染経路があると考えられています。ひとつは、流行地であるアフリカ諸国における、エボラ出血熱で亡くなった方の遺体を親族が洗浄する弔いの風習です。こういった行為の際に、体液に触れてしまい感染するといわれています。もうひとつは、感染者が飛行機などに乗って長距離を移動し、渡航先でなんらかの体液交換をするというケースです。

このように、感染経路がよく知られているウイルスの広がりを見ることで、ヒトの移動や行動の履歴を推測できるのです。ただし、デング熱やエボラ出血熱といった現在の感染症の広がりから推測できるのは、ごく近い過去の感染ルートに限られます。人類学的には、このような推測をより古い時代

に適応する方法が求められており、ウイルスのゲノム情報が有用です。

ウイルスの遺伝情報からわかること

　ウイルスの一種であるレトロウイルスは、RNA を遺伝物質として用います。宿主に感染したレトロウイルスは、逆転写によって RNA を DNA に変換し、宿主細胞のゲノムに入り込みます。つまり、レトロウイルスに感染したヒト細胞のゲノムの中には、本来あるはずのないウイルスの DNA 配列が存在することになるのです。このような DNA 配列はレトロウイルスに感染したことを示す一種の「痕跡」であり、人類学者はこの痕跡を利用します。

　ウイルス感染の痕跡の有無は、亡くなった人についても血液などのサンプルから調べることができます。また、感染によって残る痕跡は、ウイルスのタイプによって多少異なります。したがって、もし、地理的に離れた場所に住む複数の異なる集団で同じタイプのウイルスに感染した痕跡が見つかれば、それらの集団間で過去になんらかの交流があったと推測できるのです。

HTLV-1 で日本人のルーツがわかる？

　ヒトの交流を知る手がかりを与えてくれるウイルスの例として、ヒト T 細胞白血病ウイルス 1 型（HTLV-1）が挙げられます。HTLV-1 は、T 細胞というリンパ球に入り込むレトロウイルスです。その名のとおり白血病の原因となりますが、多くのヒトは感染しても白血病を発症せずにすみます。また、胎盤や母乳を通じて母親から子どもへ感染するほか、性行為によっても感染するので、保因者の家系内集積がみられます。世界中でこのウイルスのゲノムを比較し大別すると、A、B、C の 3 つのサブタイプに分けられます。それぞれの分布をみると、A 型はアジアと中南米、B 型はアジア、C 型はアフリカとカリブで見つかっています。A 型の分布は、もともとアジアにいたヒトがもっていたウイルスが、ヒトの移動に伴いアメリカ大陸へ広がったことを示していると考えられます。一方、C 型はおそらく、奴隷貿易によってアフリカから中南米に連れてこられた人々とともに移動したのでしょう。日本は B 型が常在する地のひとつです。日本における HTLV-1 の分布は、日本人のルーツと深い関係があることがわかっています。

　日本列島における HTLV-1 感染陽性のヒトの分布は特徴的です。九州・沖縄地方に集中し、東北・北海道地方にもいくらかいますが、列島の中央部

ではほとんど見られません。ただし、日本列島の先住民であるアイヌ人の間では見つかっています。一方、中国や韓国などの周辺の国々ではほとんど見られません。この分布は、日本人のルーツとされている縄文人・弥生人の違い（Q63参照）を反映しているようです。日本列島にHTLV-1を持ち込んだのは狩猟採集を生業としていた縄文人で、その後稲作技術とともに渡ってきた弥生人にはHTLV-1感染者はいなかったと思われます。HTLV-1は、弥生人が多数を占めていた列島の中央部では姿を消し、相対的に縄文人の比率が高かった九州・沖縄地方に局在することになったのです。❶

この例のように、現代のヒトがもつウイルス感染の痕跡によって、そのヒトが所属する集団がもつ歴史をうかがい知ることができます。

HTLV-1の起源もサルだった⁉

ヒトのHTLV-1と類似のウイルスを、サルももつことが知られています（サルのウイルスはSTLV-1）。ヒトとサルのウイルスゲノムを比較した結果は、Q06で取り上げたHIVと同様に、過去にサルからヒトへSTLV-1が異種間感染を起こしたことを示唆しています。感染細胞の授受を必要とするHTLV-1の感染力は、HIVにくらべるとかなり限定的です。どうやって種の壁を越えたのかについては諸説ありますが、経路はまだ確定していません。

このように、ウイルスのゲノムを地理的・民族的に調べると、宿主であるわれわれヒトの系統関係よりも、宿主の遺伝子に書き込まれなかった生態・行動・習慣などを知る手がかりが得られることがあります。今後も、前例にないような新しいウイルスが出現し、人類の脅威となる日が来るでしょう。そのときウイルスは、わたしたちが思いもよらなかったヒトの行動や習慣を利用して、感染を拡大させるかもしれません。ここで紹介してきたようなヒトのウイルスの歴史の中に、未知のウイルス感染症と戦うヒントが隠されているのかもしれません。

❶日沼頼夫（1986）,『新ウイルス物語 ―日本人の起源を探る』, 中央公論社.

Q62. 人類はいつから衣服を着るようになったのですか？何か証拠はありますか？

Chapter 6

わたしたちは当たり前のように、衣服を着て生活しています。体温調節やオシャレなど、衣服をまとう目的はさまざまですが、そもそも人類はいつから衣服を着るようになったのでしょうか。この答えを探るヒントは、意外な生物がもっていました。それはシラミです。

世界最古の繊維

2009年、グルジア（現ジョージア）の洞窟で野生の亜麻（アマ）から人為的につくられた繊維が発見されました。つくられた年代は約3万4,000年前と見積もられ、人工の繊維としては世界最古です。洞窟を発掘中に偶然発見されたこの繊維は、長い年月をかけて分解され、顕微鏡を使わないと見えないくらい微細なものになっていました。残念ながら、この発見はわたしたちの疑問に答えるための強い証拠にはならないでしょう。年代推定が正しいとすれば、3万4,000年前には人類はすでに衣服を着ていたのかもしれません。しかし、この年代が"衣服を着はじめた時期"とどう関連するかは、まったく情報がないのです。

ここで、まったく異なるアプローチでこの謎を解明しようとする例を紹介しましょう。上で少し触れましたが、シラミを研究することで衣服の起源を探る手がかりが得られるかもしれない、と考えられています。

アタマジラミとコロモジラミ

シラミといえば、さまざまな動物に寄生する昆虫の一種で、宿主の血液を吸って生きています。種によって宿主範囲（寄生できる相手）が限定されており、人間に寄生するものはヒトジラミとケジラミの大きく2種に分けられます。これらのシラミに寄生され血を吸われると、強いかゆみに襲われます。わたしたち人間にとっては厄介な存在です。

ヒトジラミはさらに、頭髪に寄生するアタマジラミと衣服の繊維に棲みつくコロモジラミの2つの亜種に分けられます。同じ宿主でも、場所によって寄生するシラミの種類が異なるのです。この2種類のヒトジラミについ

てミトコンドリアDNAの塩基配列が比較され、7万2,000±4万2,000年前にこれらが分岐したと推定されました。この年代は人類の衣服のはじまりと関係がある、と考える研究者がいます。

シラミゲノムから見えてくること

霊長類のほとんどが体を毛で覆われていることから、ヒトの祖先も全身が体毛で覆われていたと考えられます。シラミの祖先は、体毛の生えている場所ならどこでも寄生できたでしょう。しかし、ヒトの体毛が薄くなると、寄生する場所は毛がたっぷりある頭部に限定されました。同時に、人類が衣服を着るようになったことで、そこに寄生するシラミも現れました。頭部と衣服という新たなニッチが確立された結果、もともと1種だったシラミが2種に分岐していったと考えられています。そして生まれたのが、アタマジラミとコロモジラミです。この考察をもとに、ヒトが衣服を着はじめたのは、アタマジラミとコロモジラミが分岐する少し前だったのではないか、という仮説が提唱されています。❷

どのくらい信憑性があるのか

シラミの分岐年代から推測される衣服が誕生した年代は、かなり大胆な仮説にもとづくもので、信憑性が高いとはいえません。ただし、出アフリカの年代（10万～7万年前）と近い値であることは（どちらの年代も大きな幅のある推定値ではあるものの）、興味深いです。今後、残された繊維やシラミの分岐年代のほかにも、人類の衣服の起源へのアプローチを可能にする方法が見つかるかもしれません。

「人類がいつ衣服を着はじめたのか？」という謎は、簡単に解明できるものではありません。しかし、人類の歴史を探るヒントは意外なところにあるものです。ヒト以外の生物に注目して人類の進化にアプローチできる。この柔軟性も人類学の魅力のひとつです。

❶ Kvavadze, E., *et al.* (2009), *Science*, **325**, 1359.
❷ Kittler, R., *et al.* (2003), *Curr. Biol.*, **13**, 1414-1417.

Q63. 日本人の祖先は、いつ頃、どこからきた、どのような人たちだったのでしょうか？

ここまで見てきたように、20万年前にアフリカで生まれたヒト（ホモ・サピエンス）は、人口を増やしながら世界中に広がってきました。現在日本に住む人々（日本人）は、その20万年間のある時点でこの島国に住み着いた人々の子孫です。日本人の祖先について、人類学はどこまで迫れているのでしょうか。

日本列島到達はおよそ4万年前

ある地域にいつ頃ヒトがやってきたかは、遺跡や人骨から推測できます。日本で見つかった最も古い遺跡は、3万8000～3万7000年前頃のものと推定されています。また、沖縄県那覇市の山下町洞穴遺跡では、約3万6000年前の人骨が発掘されています❶。これらの年代から、ヒトが初めて日本列島にやってきたのは、およそ4万年前と考えられます。また、このほかには、約1万8000年前の沖縄の港川人骨や静岡県の浜北人骨が発見されています❷❸。

DNAの証拠から、ヒトは約6万年前にアフリカを出たことがわかっており、現代のアジア人のDNAからは、5万年前には東南アジアや東アジアに到着したと推定されています。アジア大陸から日本へ移動したのは、もう少し後のことでしょう。DNAによる東アジア到着年代の推定が正しいとすれば、日本到着を4万年前とする（遺跡や人骨の年代にもとづく）推測も、大きく間違ってはいないでしょう。

ユーラシア大陸から日本へ渡る

ところで、6万年前というと、地球全体の気温が低い「氷期」の真っただ中でした。当時は、陸上に氷が多く海水が少なかったため、海面が低下していました。気温の低下がピークに達した約2万年前は、海面が今よりも120 mも低かったようです。当時の大陸の配置は現在とほとんど同じでしたが、海面が下がったぶん、陸地の面積は広がっていました（付録D参照）。日本列島とその周辺では、四国、九州、対馬が本州とつながっていました。

北海道は、樺太とユーラシア大陸と陸続きになっていたため、ヒトや動物の行き来が可能でした（Q09参照）。また、ユーラシア大陸から対馬海峡を経由して日本に渡ったヒト集団もいたと考えられています。彼らはなんらかの方法でその海を渡ったのです。ヒトは5万年前にはユーラシア大陸からオーストラリア大陸へと渡っており、初期拡散の過程で海を渡る技術をもっていたことは間違いないとされています（Q60参照）。

その後、氷期から間氷期への気候変動が生じ、気温が上昇しはじめました。当然、陸上の氷が溶け、海水面が上昇します。1万5,000年前頃には、本州・九州・四国が海で切り離され、北海道も大陸や樺太とのつながりを失い、現在のように海に囲まれた日本列島が誕生しました。その時点で日本にいた人達は大陸から孤立して、日本人の先祖となったのです。

日本人はハイブリッド

前述のとおり、ヒトは北方および南方からの2つのルートで日本へ入り、列島全体に広がったと推測できます。この推測を裏づけるDNAの証拠も得られました。6,750～5,500年前の富山の遺跡から発掘された人骨のミトコンドリアDNAを調べたところ、ロシアの沿海州の人たちに特徴的な塩基配列をもつ骨と、東南アジアに多い塩基配列をもつ骨の両方が見つかったのです。ミトコンドリアは母親から子に受け渡されることから、そのDNAを使って母方の家系をたどれます。そのことを利用して、富山地域の縄文人には、北由来のDNAをもつ人と南由来のDNAをもつ人の2種類がいたことがわかったのです。DNAだけでなく、この遺跡から出土した土器にも北方と南方の両方の影響がみられ、これは2つの文化が融合し独自の文化に発展した結果と考えられています。

しかし、この時代の人たちのもつゲノムは、今のわたしたちとは異なっていました。北方と南方の縄文人の集団が出会った後、現在から約3,000年前にはじまった弥生時代に、ユーラシア大陸から日本列島の北部九州へと渡来系弥生人と呼ばれる人々がやってきました。すでに日本列島で生活していた縄文人は、この弥生人の集団と交流し、現在の日本人が成立したと考えられています。現在の日本人は、ユーラシア大陸の沿海州から東南アジアにかけての広い地域からきた人たちで構成された、ハイブリッドな集団なのです。

なぜヒトははるばる日本まで移動したのか

　ヒトはアフリカを出た後、2万年ほどかけてユーラシア大陸の東端まで移動してきました。ヒトはなぜこんなにも長い時間、すなわち多くの世代をかけて、移動し続けたのでしょうか。

　旧石器時代のヒトの生活基盤は狩猟・採集でした。世代を経るにしたがって道具や技術が発達し、捕獲できる生物が増え、生活の範囲の拡大が可能になりました。また、食物をより多く確保できるようになったことで養える家族の人数が増え、人口も徐々に増えていったはずです。そうすると、食糧調達や居住のために生活場所をさらに広げなければなりません。人類が世界中へ広がっていったのは、決してどこかへ向かっていたわけではなく、家族あるいは小さな集団が自ら生活できる場所を求めて移動を繰り返した結果、と考えられます。供給の不安定な狩猟・採集から安定な農耕や牧畜へと生業が移り変わり、より確実な食糧の確保によって人口増加が起こりました。当然、ユーラシア大陸でも人口増加が起こりました。その結果、ユーラシア大陸にいた弥生人の祖先にあたる人たちの一部が耕地や住居を求めて、日本に渡来したと考えられています。

　人口が増えた結果、場所を求めて移動し、新たな地で独自の文化を築き広げていきました。このような現象は、人類の歴史上で普遍的に起こってきました。現代では、地球上の有限な土地を使い果たすほどに人口が増え続けています。次の移住先として、地球ではなく月やほかの惑星が候補に挙がるのも納得ですね。

❶ Kaifu, Y., and Fujita, M. (2012), *Quat. Int.*, **248**, 2-11.
❷ Kondo, M., and Matsu'ura, S. (2005), *Anthropol. Sci.*, **113**, 155-161.
❸ Matsu'ura, S., and Kondo, M. (2011), *Anthropol. Sci.*, **119**, 173-182.
❹ 篠田謙一（2014）,「人骨の理化学的分析・形態分析：3. DNA 分析」,（富山県文化振興財団埋蔵文化財調査事務所編『富山県文化振興財団埋蔵文化財発掘調査報告第 60 集：小竹貝塚発掘調査報告―北陸新幹線建設に伴う埋蔵文化財発掘報告 X―（第三分冊、人骨分析編）』, pp. 4-15.）
❺ 崎谷満（2008）,『DNA でたどる日本人 10 万年の旅』, 昭和堂.

付録C　ヒトの拡散ルート

付録D　　　　　　　　　　　　　　　　　　　氷期の日本列島周辺図

地球全体の気温が下がっていた氷期には、海面が現在より低かった。そのため、日本列島周辺の陸地が現在よりも広がっていた（図の薄い緑色の領域）。そんな中、すでにユーラシア大陸の東端に達していたヒトの一部が日本列島へと進出した。ロシアの沿海州からは、陸路でヒトが日本列島へと入り、大陸の南側からも海を渡って日本列島へ入ってきたヒトがいると考えられている。

付録E　　　　　　　　　　　　　　　　　　　　　　　　　　　推薦図書

犬塚則久（2001）『ヒトのかたち5億年』てらぺいあ.

太田博樹，長谷川眞理子編著（2013）『ヒトは病気とともに進化した』勁草書房.

海部陽介（2005）
　『人類がたどってきた道 ──〝文化の多様化〟の起源を探る』日本放送出版協会.

片山一道ほか（1996）『人間史をたどる ──自然人類学入門』朝倉書店.

金澤英作，葛西一貴編（2010）『歯科に役立つ人類学 ──進化からさぐる歯科疾患』わかば出版.

金澤英作（2011）『日本人の歯とそのルーツ』わかば出版.

斎藤成也（2005）『DNAから見た日本人』筑摩書房.

斎藤成也編（2009）『絵でわかる人類の進化』講談社.

坂井建雄監修（1997）『ヒトのからだ ──からだの構造とはたらきを模型断面でみる』丸善.

篠田謙一（2007）
　『日本人になった祖先たち ──DNAから解明するその多元的構造』日本放送出版協会.

C. ストリンガー，P. アンドリュース，馬場悠男，道方しのぶ訳（2008）
　『ビジュアル版人類進化大全』悠書館.

J. ダイアモンド，倉骨彰訳（2000）
　『銃・病原菌・鉄 ──1万3000年にわたる人類史の謎』草思社.

栃内新（2009）『進化から見た病気 ──「ダーウィン医学」のすすめ』講談社.

中橋孝博（2005）『日本人の起源 ──古人骨からルーツを探る』講談社.

D. ハート，R.W. サスマン，伊藤伸子訳（2007）『ヒトは食べられて進化した』化学同人.

冨田守，真家和生，針原伸二（2012）『学んでみると自然人類学はおもしろい』ベレ出版.

長谷川眞理子編著（2002）『ヒト、この不思議な生き物はどこから来たのか』ウェッジ.

長谷川眞理子（2007）『ヒトはなぜ病気になるのか』ウェッジ.

馬場悠男編（2005）『人間性の進化』（別冊日経サイエンス151）日経サイエンス社.

濱田穣（2007）『なぜヒトの脳だけが大きくなったのか ──人類進化最大の謎に挑む』講談社.

針原伸二（2014）『学んでみると遺伝学はおもしろい』ベレ出版.

R. ボイド，J.B. シルク，松本晶子，小田亮訳（2011）
　『ヒトはどのように進化してきたか』ミネルヴァ書房.

真家和生（2007）『自然人類学入門 ──ヒトらしさの原点』技報堂出版.

山口敏（1999）『日本人の生いたち ──自然人類学の視点から』みすず書房.

R. ルーウィン，保志宏訳（2002）『ここまでわかった人類の起源と進化』てらぺいあ.

渡辺直経ほか編（2001）『人類学の読みかた』雄山閣出版.

協力者一覧

本書は多くの研究者のご協力を得て完成しました。
興味深い話題をご提供くださり、また原稿にご意見をくださった
以下のみなさまに、この場を借りて御礼申し上げます。

石田貴文 先生
（東京大学 大学院理学系研究科
生物科学専攻 教授）

井原泰雄 先生
（東京大学 大学院理学系研究科
生物科学専攻 講師）

梅﨑昌裕 先生
（東京大学 大学院医学系研究科
国際保健学専攻 准教授）

太田博樹 先生
（北里大学 医学部 准教授）

大橋　順 先生
（東京大学 大学院理学系研究科
生物科学専攻 准教授）

長田直樹 先生
（北海道大学 大学院情報科学研究科
生命人間情報科学専攻 准教授）

海部陽介 先生
（独立行政法人国立科学博物館 人類研究部
人類史研究グループ長）

河村正二 先生
（東京大学 大学院新領域創成科学研究科
先端生命科学専攻 教授）

沓掛展之 先生
（総合研究大学院大学 先導科学研究科
生命共生体進化学専攻 講師）

近藤　修 先生
（東京大学 大学院理学系研究科
生物科学専攻 准教授）

斎藤成也 先生
（国立遺伝学研究所 集団遺伝研究部門 教授）

坂上和弘 先生
（独立行政法人国立科学博物館
人類研究部 人類史研究グループ）

篠田謙一 先生
（独立行政法人国立科学博物館
人類研究部長）

諏訪　元 先生
（東京大学 総合研究博物館 教授）

友永雅己 先生
（京都大学 霊長類研究所
認知科学研究部門 思考言語分野 准教授）

松村秋芳 先生
（防衛医科大学校 生物学科 准教授）

米田　穣 先生
（東京大学 総合研究博物館 教授）

（五十音順、所属・肩書は刊行当時）

索 引

数字

1000人ゲノム計画 139
2色型色覚 61, 65, 72
3色型色覚 62, 65
　　恒常的—— 64, 65, 72
　　多型的—— 64, 72
　　変異—— 65
4色型色覚 61, 65
4枚カード問題 85

欧文

ABO式血液型 140
Duffy式血液型 143
HIV 12, 16
HTLV-1 174
MHC 99
PCR法 136, 138
SIV 16
SNP 32, 42, 133, 145
X染色体 115, 124
Y染色体 115, 125

あ

アイヌ人 175
アウストラロピテクス・アファレンシス 152
アウストラロピテクス・ガルヒ 47
欺き行動 84
アセトアルデヒド脱水素酵素 38
アフリカ単一起源説 164
アボリジニ 172
アメリカ先住民 144
アルコール脱水素酵素 38
アルディピテクス・ラミダス（ラミダス猿人）
　　......... 76, 152, 156, 160
安定同位体比 49, 54
イーストサイドストーリー 162
一塩基多型　→　SNP
一夫一妻 116

一夫多妻 116
遺伝暗号表 68, 94
遺伝子重複 62, 63
遺伝子の系統樹 141
遺伝的多様性 146
イヌイット 3, 44
衣服 171, 176
意味記憶 78
ウイルス 10, 173
腕渡り 155
産声 108
裏切り者 86
エピソード記憶 78
猿人 47, 51, 75, 162
おばあさん仮説 109, 114
オランウータン 119, 155, 161

か

概日リズム 127
貝塚 53
核ゲノム 139
家族 168
鎌状赤血球症 11
感染症 11, 143, 170
　　人獣共通—— 13
桿体細胞 60
嗅覚受容体 71
旧人 49, 163, 165
旧世界ザル 63, 92
旧石器時代 57, 180
協同繁殖 109
クロマニヨン人 49, 171
ゲノム 145, 165
ゲラダヒヒ 105
言語 77
犬歯 102, 154
原人 48, 50, 75, 162
倹約遺伝子 32

185

抗原	140, 142
抗体	142
古環境	158
子殺し	104
心の理論	82
古人骨	117, 135
骨盤	106
コドン	68, 71, 94
ゴリラ	102, 119, 141, 154, 155, 161
根菜農耕文化	56

さ

最終氷期	25, 147, 172
サバンナ農耕文化	56
サヘラントロプス・チャデンシス	156, 162
サリー・アン課題	83
サンガー法	138
産道	106
シークエンサー	138
次世代――	136, 138
死因	149
自然選択	32, 125, 130, 132
正の――	6
――圧	69, 144
社会	76, 77, 87, 168
ジャワ原人	163, 164
シュードジーン	72
樹上生活	153
出アフリカ	161, 171, 177
授乳期間	113, 118
『種の起源』	166
受容体	10
常染色体	124
縄文時代	26, 117
縄文人	137, 175, 179
シラミ	176
人種	3
人獣鑑定	30
新人	163, 165
新世界ザル	63, 66, 92
錐体オプシン	61

錐体細胞	60
水田雑草	24
生活史戦略	114
精子	103
生殖期間	113
性染色体	124
成長期	112
性淘汰	96
石器	9, 47
赤血球	4
選択的一掃	134
前適応	155
前頭葉	75
創始者効果	144

た

体脂肪率	107
対称性バイアス	77
大地溝帯	159, 161
体内時計	127
対立遺伝子	33
――多型	62, 64
大量絶滅	19
多地域進化説	164
単一遺伝子疾患	124
地中海農耕文化	57
中立な多型	132
腸内細菌	36, 41, 142
直立二足歩行	52, 75, 106, 152, 155, 160, 162
チンパンジー	
	69, 77, 91, 102, 118, 141, 146, 152, 155, 161
テナガザル	102, 155, 161
デニソワ人	5
天然痘	170
展望記憶	78
同義変異	131
非――	131
道具使用	91
島嶼効果	8
土器	50, 179
トキソプラズマ症	14

時計遺伝子	128
突然変異	126, 131, 132

な

難産	106, 157
肉食	47, 75
ニッチ	177
日本列島	25, 174, 178
乳糖耐性	41
妊娠期間	118
ネアンデルタール人	3, 49, 119, 137, 163, 165, 166, 169, 170
農耕	57, 147, 180

は

配偶者選択	96
梅毒	150
はしか	14
肌の色	2, 131
発情	89, 104
ハテライト	101
ハヌマンラングール	104
浜北人	178
パラントロプス・ボイセイ	51
ヒトゲノム計画	138
表情	80
風土病	143
父系遺伝	115
ブルース効果	105
プレゼント仮説	157
文化	77, 93, 97, 170
糞石	53
閉経	118
北京原人	163, 164
ペスト	12
ヘテロ接合	124
ベルクマンの法則	3
ヘルパー	110
保因者	125
法医人類学	28, 120, 149
牧畜	180

母系遺伝	115
ボノボ	103, 141, 154
ホモ接合	124
ホモ属	160, 162, 164
ホモ・エルガステル	48
ホモ・エレクトス	50, 164
ホモ・ハビリス	48
ホモ・フロレシエンシス	7, 165
ホモ・ネアンデルターレンシス → ネアンデルタール人	
ポリメラーゼ連鎖反応法 → PCR法	
ホルモン	110

ま・や・ら

マーモセット	109
埋葬	168
マラリア	11, 143
ミーアキャット	110
味覚受容体	68
ミトコンドリア	115, 179
── DNA	115, 137, 139, 164, 177, 179
港川人	178
メイト・チョイス・コピーイング	97
メンデルの法則	129
毛髪の形態	132
弥生人	137, 175, 179
有効集団サイズ	146
利他的罰	87
緑肥	23
類人猿	91, 140, 152, 155
霊長類	39, 62, 63, 65, 71, 80, 102, 140
レトロウイルス	16, 174

監修者紹介

日本人類学会教育普及委員会
2007年、日本人類学会理事会下に設置。自然人類学の知識を広く提供することを目標に、講演会や講習会などを開催している。

編者紹介

中山一大 博士（理学）
2004年　東京大学大学院理学系研究科博士課程修了
現　在　自治医科大学医学部　講師

市石　博 学術修士
1981年　筑波大学大学院環境科学研究科修士課程修了
現　在　東京都立国分寺高等学校　教諭

NDC469　191p　21cm

つい誰かに教えたくなる人類学63の大疑問

2015年11月24日　第1刷発行
2022年1月12日　第9刷発行

監修者	日本人類学会教育普及委員会
編　者	中山一大・市石　博
発行者	髙橋明男
発行所	株式会社　講談社

〒112-8001　東京都文京区音羽2-12-21
　　　販　売　(03) 5395-4415
　　　業　務　(03) 5395-3615

編　集	株式会社　講談社サイエンティフィク
	代表　堀越俊一

〒162-0825　東京都新宿区神楽坂2-14　ノービィビル
　　　編　集　(03) 3235-3701

本文データ制作	美研プリンティング　株式会社
カバー表紙印刷	豊国印刷　株式会社
本文印刷・製本	株式会社　講談社

落丁本・乱丁本は、購入書店名を明記のうえ、講談社業務宛にお送りください。送料小社負担にてお取替えいたします。なお、この本の内容についてのお問い合わせは、講談社サイエンティフィク宛にお願いいたします。定価はカバーに表示してあります。

© Kazuhiro Nakayama and Hiroshi Ichiishi, 2015

本書のコピー、スキャン、デジタル化等の無断複製は著作権法上での例外を除き禁じられています。本書を代行業者等の第三者に依頼してスキャンやデジタル化することはたとえ個人や家庭内の利用でも著作権法違反です。

JCOPY　〈(社)出版者著作権管理機構　委託出版物〉

複写される場合は、その都度事前に(社)出版者著作権管理機構（電話 03-5244-5088, FAX 03-5244-5089, e-mail: info@jcopy.or.jp）の許諾を得てください。

Printed in Japan

ISBN 978-4-06-153451-3